ESSAI

SUR

LES FONCTIONS DU FOIE

ET DE SES ANNEXES.

NANCY, IMPRIMERIE DE VEUVE RAYBOIS ET COMP.

ESSAI

SUR LES

FONCTIONS DU FOIE

ET DE SES ANNEXES,

PAR N. BLONDLOT,

DOCTEUR EN MÉDECINE,
PROFESSEUR DE CHIMIE ET DE PHARMACIE
A L'ÉCOLE PRÉPARATOIRE DE MÉDECINE ET DE PHARMACIE DE NANCY,
CHIRURGIEN ORDINAIRE DE L'HOSPICE DES ORPHELINES,
MEMBRE DE LA SOCIÉTÉ ROYALE DES SCIENCES, LETTRES ET ARTS DE NANCY,
ET DE LA SOCIÉTÉ CENTRALE D'AGRICULTURE DE LA MÊME VILLE,
CORRESPONDANT DE L'ACADÉMIE IMPÉRIALE DE MÉDECINE DE VIENNE,
ET DE LA SOCIÉTÉ MÉDICO-CHIRURGICALE DE TURIN.

PARIS,
VICTOR MASSON,
1, Place de l'École de médecine.

MÊME MAISON, CHEZ L. MICHELSEN, A LEIPZIG.

NANCY,
GRIMBLOT ET Vᵉ RAYBOIS, IMPRIMEURS-LIBRAIRES,
PLACE STANISLAS, 7, ET RUE SAINT-DIZIER, 125.
1846.

AVANT-PROPOS.

Mes expériences sur la digestion m'ayant conduit à admettre en principe que la bile ne prend aucune part directe ou indirecte aux modifications que les aliments subissent dans le tube gastro-intestinal , je conçus dès lors le projet de rechercher dans quel but s'effectue la sécrétion de ce produit entièrement excrémentitiel , et de déterminer ainsi le rôle que le système hépatique est appelé à remplir dans l'économie animale.

De nouvelles considérations vinrent bientôt m'engager à exécuter ce projet , que j'avais formé d'abord sans autre pensée que de donner une suite naturelle à mes premiers travaux. Parmi les idées neuves que j'ai consignées dans mon *Traité de la digestion*, une de celles qui ont soulevé le plus de contradicteurs, c'est assurément l'opinion qui dépossède la bile des vertus merveilleuses que , depuis plusieurs siècles , l'imagination des auteurs s'était généralement complue à lui attribuer; tant il est vrai qu'il est plus difficile de détruire des erreurs sanctionnées par le temps que d'établir des vérités nouvelles. Il s'agissait donc de reprendre , sur ce point, mon travail en sous-œuvre , et de l'appuyer, cette fois, sur des bases inébranlables. A cet effet, j'entrepris d'établir, sur des animaux vivants, des fistules biliaires analogues aux fistules gastriques qui m'ont été si utiles dans mes précédentes recherches. Mais ici les difficultés surgissaient de toute part , et il me fallut bien du temps , et une patience à toute épreuve pour mener à bonne fin cette entreprise, déjà tentée sans succès par d'habiles expérimentateurs. Enfin, j'eus le bonheur de réussir, dans les premiers jours de février 1846.

Ce résultat une fois obtenu, on comprend sans peine tout le parti qu'il était possible d'en tirer, non-seulement pour établir le principe en question d'une manière irréfragable, mais aussi pour diriger de nouvelles investigations vers des contrées jusqu'alors inconnues, ou sur lesquelles la science ne possède que des conjectures plus ou moins hasardées. Sans prétendre avoir épuisé un si vaste sujet, je crois pouvoir affirmer que les faits consignés dans ce mémoire devront jeter un jour nouveau sur plusieurs des questions les plus importantes qui s'agitent en physiologie, soit par la solution définitive de certains problèmes, soit même par l'exposition de nouvelles doctrines qui, sans offrir encore toutes les garanties désirables, n'en contribueront pas moins à ouvrir la voie vers d'autres découvertes; car c'est le propre des vérités scientifiques de n'apparaître jamais sans être précédées et suivies d'hypothèses.

Avant d'entrer en matière, qu'il me soit permis de soumettre au lecteur quelques considérations générales sur les avantages inhérents à la manière d'opérer que j'ai mise en pratique dans ces nouvelles recherches, ainsi que dans mon travail sur la digestion. Je pourrais la définir, l'art de créer des anomalies permanentes dans l'économie animale. Ce genre d'expérimentation est mis en usage depuis longtemps déjà en physiologie végétale; mais jusqu'ici il a été fort peu usité en physiologie animale, et cela sans doute à raison des difficultés qu'il présente. La plupart des vivisecteurs se contentent, en effet, d'interroger les organes soit pendant l'opération même, soit peu de temps après, c'est-à-dire, lorsqu'ils sont encore sous l'inflence perturbatrice où cette dernière les a momentanément placés; il est rare que l'animal survive aux épreuves, et devienne ainsi un témoignage vivant des faits à constater.

A Dieu ne plaise que je méconnaisse les éminents services rendus à la science, par tant d'hommes distingués, au moyen de cette méthode, toute imparfaite qu'elle soit. Je ferai seulement observer que, pour peu que les opérations soient longues et compliquées, il est souvent bien difficile, au milieu du sang et dans l'agitation extrême de l'animal, de pouvoir discerner les phénomènes qui dépendent de la lésion particulière que l'on veut produire, de ceux qui proviennent de la lésion d'autres organes que l'on est obligé d'intéresser : de là, des erreurs continuelles et des contradictions qui n'aboutissent trop souvent à prouver autre chose si ce n'est que la nature mise à la question répond presque toujours au gré de l'inquisiteur.

C'est ce qui fait que les expériences physiologiques ne sauraient approcher du degré de certitude que nous obtenons des expériences physiques et chimiques. Dans ces dernières, en effet, on sépare, on isole à volonté la substance ou le phénomène que l'on veut étudier, tandis qu'en physiologie tout se lie, tout s'enchaîne de telle sorte que suspendre le jeu d'un seul organe, c'est troubler le jeu de tous les autres, et souvent même anéantir avec la vie le phénomène vital que l'on voulait observer.

Il n'en est plus de même lorsque l'on suit la méthode que j'ai mise en pratique, en créant dans l'organisme des anomalies compatibles avec la santé la plus parfaite. Alors, en effet, on ne commence à accorder de valeur réelle aux faits en observation que quand le calme est entièrement rétabli dans tous les organes, que toutes les fonctions s'exécutent suivant leur rhythme habituel, et que l'on n'a plus à craindre de prendre des accidents pour les résultats inévitables de l'opération. De cette manière, les phénomènes que l'on veut constater se manifestent dans toute leur évidence ; et, comme il est possible de les faire varier à volonté sans compromettre l'état général de l'économie, on a le loisir de les faire apparaître, pour ainsi dire, sous toutes leurs faces et dans tous leurs rapports ; en un mot, des animaux vivants se trouvent ainsi transformés en véritables instruments ou appareils comparables à ceux dont la physique et la chimie ont fait usage pour arriver au rang de sciences positives.

Puisse la physiologie, en adoptant la même marche, parvenir, un jour, au même degré de certitude ; et puissent mes travaux contribuer pour quelque chose à ce grand résultat ; ce serait assurément pour moi la plus douce et la plus noble des récompenses.

ESSAI

SUR LES FONCTIONS DU FOIE,

ET DE SES ANNEXES.

CHAPITRE I.

ANATOMIE GÉNÉRALE ET COMPARÉE DE L'APPAREIL BILIAIRE. — SES
ANALOGIES AVEC LES SYSTÈMES RESPIRATOIRE ET URINAIRE.

De tous les organes sécréteurs de l'organisme animal, le
foie est sans contredit le plus considérable, à n'en juger à
priori que par la précocité de son développement chez le
fœtus, par sa constance dans la série zoologique, par son
volume relatif, et enfin par les particularités de sa structure.

D'après la plupart des observateurs, le foie est un des
premiers viscères qui apparaisse chez l'embryon. Dans le
poulet, par exemple, il commence déjà à se montrer vers le
troisième jour d'incubation. Il est alors constitué par deux
appendices coniques et creux du canal intestinal, qui em-
brassent le tronc veineux commun; insensiblement ces cônes
s'allongent en poussant devant eux des ramifications vas-
culaires, tandis que leur base se resserre et prend la forme
d'un conduit excréteur cylindrique, aux dépens duquel la
vésicule se produit, par la suite, en manière de diverticule.

1

D'un autre côté, si l'on examine le foie dans la série zoologique, en suivant une marche rétrograde, on trouve qu'à l'exception du tube digestif, cet organe est le dernier à disparaître ; de sorte qu'il faut descendre jusqu'aux espèces les plus infimes pour ne plus en rencontrer de trace, circonstance qui semble indiquer, non moins que la précédente, que le foie est une des pièces les plus indispensables de l'organisme animal.

Le volume du foie peut aussi être admis comme preuve de son importance. Sous ce rapport encore, il occupe le premier rang parmi les organes sécréteurs. En effet, cette glande est, comme l'on sait, la plus volumineuse du corps de l'homme ; chez les autres mammifères, elle conserve aussi une dimension relative très-considérable. Un fait digne de remarque, c'est que le foie, comparé dans la série, se montre d'autant moins développé que les poumons le sont davantage : c'est ainsi que le premier de ces organes est moins volumineux chez les mammifères que chez les oiseaux, chez ceux-ci moins que chez les reptiles, et chez les reptiles moins que chez les poissons, ce qui est l'inverse de l'appareil respiratoire. Cette corrélation, qui s'observe aussi dans les invertébrés, indique évidemment qu'il existe une espèce de solidarité fonctionnelle entre ces deux organes si dissemblables en apparence.

Relativement à sa structure, on peut dire que le foie, considéré d'une manière générale, offre tous les degrés connus d'organisation. C'est dans une espèce particulière de poisson, le branchiostoma lubricum, qu'il se présente sous la forme la plus simple qu'il puisse revêtir. Chez cet animal singulier, l'œsophage conduit dans une portion élargie de l'intestin, à la suite de laquelle se trouve un appendice cœcal constamment teint en vert, non par l'effet d'une coloration superficielle, mais profondément, dans toute l'épaisseur d'une couche glanduleuse à fibres perpendiculaires, dont ses parois sont en partie constituées. D'ailleurs, cette portion colorée, qui représente l'organe hépatique, n'est pas plus épaisse que le reste de l'intestin, et n'en diffère au premier aspect que par un changement brusque de coloration. Ici donc le foie est encore identifié avec les parois intestinales, par l'exsertion desquelles il a été produit, comme dans le fœtus des animaux supérieurs. Dans la classe des crustacées, notamment chez les écrévisses, le foie est composé de gros faisceaux de cœcums digités, dont les conduits excréteurs s'ouvrent de chaque côté dans le canal intestinal ; ou bien il affecte la forme d'une grappe, comme dans les genres palémon et penœus, ou celui de lobes cellulo-spongieux, comme on le voit dans les squiles. On arrive ainsi par gradation au foie des mollusques, qui ressemble déjà beaucoup, pour l'aspect, à celui des animaux supérieurs. Plein de bile, il paraît, au premier abord, avoir une structure grenue ; mais, en poussant de l'air dans ses conduits excréteurs, on peut aisément démontrer que c'est une grappe creuse. Chez quelques grands gastéropodes, le murex tritonis, par exemple, la structure celluleuse devient si manifeste, et les cellules ont tant d'ampleur qu'après avoir été coupé en travers, le foie offre absolument l'aspect d'une éponge.

Dans les animaux supérieurs, notamment dans l'homme, le foie se présente comme une masse compacte, divisée en lobes plus ou moins nombreux, et dans laquelle on n'aperçoit à l'œil nu qu'une substance granuleuse traversée par des vaisseaux sanguins et par des canaux excréteurs; mais, en examinant ce parenchyme à l'aide du microscope, après l'avoir convenablement injecté, on reconnaît qu'il est formé par un nombre infini de petits grains glanduleux indépendants les uns des autres ; de sorte que, si par la pensée on fait abstraction du tissu cellulaire qui les réunit, l'organe entier se présente sous l'aspect d'une vaste grappe , dont chaque acine pend à une radicelle du canal hépatique. La forme et les dimensions de ces acines n'ont point encore été déterminées d'une manière rigoureuse ; il est d'ailleurs probable qu'elles varient chez les différents animaux , et peut-être aussi dans les différentes parties du foie chez un même individu ; tout ce qu'on sait, c'est qu'elles offrent une cavité intérieure , et qu'elles doivent être considérées comme la terminaison en cœcum des dernières ramifications du canal hépatique.

C'est dans les parois de ces espèces de vésicules terminales que viennent aboutir en définitive les trois ordres de vaisseaux sanguins qui entrent dans la composition de l'organe. D'après la plupart des observateurs , ils y affectent la disposition suivante. Sur le plan le plus excentrique, se trouve le réseau vasculaire formé par la veine hépatique; plus en dedans, et sur un plan concentrique au précédent, se voient les ramifications de la veine-porte et de l'artère hépatique. Quant à la manière dont ces deux derniers vaisseaux se comportent l'un par rapport à l'autre, il est positif que les ramifications de la veine-porte viennent aboutir à peu près exclusivement aux vésicules terminales ou acines, tandis que les divisions de l'artère hépatique se perdent en majeure partie sur les parois des canaux biliaires et sur celles de la veine-porte elle-même, qu'elles accompagnent rigoureusement dans tout leur trajet : circonstance qui, jointe au faible calibre de cette artère comparativement à l'étendue de la surface sécrétante du foie, la fait généralement considérer comme le vaisseau nutritif de cette glande.

Du reste, le foie est enveloppé par une membrane fibro-celluleuse, appelée capsule de Glisson, dont les prolongements pénètrent dans son intérieur, en accompagnant les branches et les rameaux de la veine-porte et de l'artère hépatique, ainsi que les racines du conduit du même nom. C'est à l'aide de ce tissu interposé que les différents éléments qui constituent cet organe se trouvent réunis de manière à former une masse compacte.

D'après ce qui précède, il est évident que le foie dont la structure paraît la plus complexe n'est autre chose, en définitive, qu'une large surface d'élimination ménagée dans le plus petit espace possible : avec tous ses conduits intérieurs, canaux, tubes, cellules ou cœcums, ce n'est jamais qu'une vaste membrane dans l'épaisseur de laquelle s'accomplit la formation de la bile.

Pour ce qui est de la composition intime, élémentaire de ce tissu membraneux, qui constitue, en dernier ressort, la trame primordiale du foie, on l'a prétendu formé par des cellules à noyaux juxtaposées dans un certain ordre ; mais, en supposant cette hypothèse exacte, ce qui est loin d'être démontré, elle n'expliquerait encore rien sur le mécanisme de la sécrétion biliaire, car on pourrait en dire autant des autres organes éliminateurs. En effet, analysés comme nous venons de le faire pour le foie, tous se réduisent de même à des surfaces stratifiées qui, abstraction faite des différents produits dont elles sont imprégnées, se composent aussi de cellules juxtaposées; de sorte que, dans l'état actuel de la science, il est absolument impossible de saisir pourquoi, tandis que l'une sécrète de la bile ou de l'urine, l'autre fournit de la salive ou du lait, aucune analogie n'existant entre la composition chimique du produit et celle de l'organe producteur.

Quoiqu'il en soit de ces questions, qui ne touchent à notre sujet que d'une manière accessoire, il reste démontré pour nous que ce sont les ramifications des canaux excréteurs qui constituent la partie essentielle, fondamentale, et en quelque sorte, la charpente du foie. Or, ces conduits ne sont eux-mêmes que des prolongements des parois intestinales, c'est-à-dire de l'enveloppe par laquelle l'organisme est limité intérieurement, comme il l'est à l'extérieur par la peau: d'où il suit qu'une fois épanchée dans ses conduits, et avant même d'être parvenue dans l'intestin, la bile n'est déjà plus, à proprement parler, qu'une matière morte, qui a cessé de faire partie intégrante de l'individu.

Dans les animaux vertébrés, la bile arrive toujours dans la partie supérieure de l'intestin, tantôt plus près, tantôt plus loin de l'estomac. Il s'en faut en effet beaucoup que l'orifice du canal cholédoque soit toujours à une même distance proportionnelle du pylore. Quelques naturalistes prétendent qu'il est d'autant plus rapproché de ce point que l'espèce est plus carnassière ou plus vorace; mais ce principe, s'il est exact dans la généralité des cas, n'en supporte pas moins de nombreuses exceptions.

Dans les classes inférieures, il n'est pas rare de voir la

bile se déverser en totalité ou en partie dans l'estomac lui-même ; c'est ce qui a lieu notamment chez les mollusques. Longtemps on a cru que, chez les insectes, par une sorte de compensation, une partie de ce produit n'arrive dans le canal intestinal qu'à sa terminaison; mais il paraît aujourd'hui démontré, par les recherches de M. L. Dufour, que les canaux biliaires qui semblaient s'ouvrir près de l'anus, ne font réellement que s'y accoler, et que, se repliant sur eux-mêmes, ils viennent aussi aboutir dans le renflement qui tient lieu d'estomac.

Chez les mammifères, la bile ne s'épanche généralement dans l'intestin que par une seule embouchure, c'est celle du canal cholédoque, qui reçoit le cystique lorsqu'il existe. Chez les oiseaux, les canaux hépatiques se réunissent en un seul tronc, qui se continue directement dans l'intestin, après avoir fourni plusieurs rameaux qui aboutissent au fond d'un réservoir vésiculaire, d'où la bile s'échappe ensuite pour pénétrer dans le duodénum par un canal cystique, complétement séparé du cholédoque. Chez les reptiles, la même disposition organique se remarque aussi fort souvent, mais elle est moins constante. Chez les poissons, les canaux hépatiques aboutissent tous à la vésicule ou à son canal, qui conduit ainsi toute la bile dans l'intestin. Enfin, chez les invertébrés, la bile paraît arriver, en général, dans le tube digestif par des canaux d'autant plus nombreux que son organe sécréteur est à un état plus rudimentaire.

La bile est un des produits qui, avant d'être versés au dehors, s'accumulent souvent dans un réservoir spécial. Toutefois, s'il est de règle en anatomie comparée d'apprécier l'importance d'un organe d'après sa constance dans la série zoologique, la vésicule biliaire ne doit être considérée que comme un simple perfectionnement organique qui n'a rien d'essentiel, puisqu'elle manque non-seulement dans les classes inférieures, où pourtant on la trouve aussi quelquefois, mais encore dans les familles les plus voisines, et jusque dans les espèces d'un même genre. En général, les quadrumanes, les carnassiers, les marsupiaux et les édentés proprement dits sont pourvus d'une vésicule: beaucoup de rongeurs, de pachydermes et de ruminants en manquent; tous les cétacés, à l'exception du genre steller, en sont dépourvus; enfin la vésicule existe dans l'immense majorité des oiseaux, des reptiles et des poissons. Cet aperçu rapide suffit pour faire comprendre tout ce qu'il y a, en quelque sorte, d'accidentel dans l'existence de ce diverticule.

Un peu avant de s'aboucher dans le duodénum, le canal cholédoque reçoit ordinairement le conduit pancréatique, ou, lorsque cette communication immédiate n'a pas lieu, les deux canaux pénétrent séparément dans l'intestin à une si faible distance que cette disposition équivaut à la précédente pour le résultat; aussi n'est-il pas rare de rencontrer tantôt l'une et tantôt l'autre, non-seulement dans les espèces voisines, mais encore dans la même espèce; quelquefois aussi le canal pancréatique est double ou se bifurque: une de ses branches s'unit alors au cholédoque, tandis que l'autre s'abouche isolément dans le duodénum. Dans tous les cas, on ne saurait méconnaître l'intention manifestée par la nature d'effectuer le mélange des deux produits, et d'établir ainsi entre le pancréas et le foie une connexion fonctionnelle tellement intime qu'on peut regarder le premier de ces organes comme une dépendance du second.

Ainsi que je l'ai établi dans mon Traité de la digestion, le pancréas est une glande mucipare, qui offre avec les salivaires la ressemblance la plus incontestable. En effet, comparé dans les différentes espèces d'animaux, il finit par se résumer, comme ces dernières glandes, en simples surfaces d'élimination muqueuse. C'est chez les poissons particulièrement qu'il présente cette structure rudimentaire; il est même parmi eux certaines espèces qui manquent complétement de cet organe, et chez lesquelles il paraît suppléé par une sécrétion intestinale plus abondante : tels sont, entre autres, le tuyau de plume, plusieurs coffres, plusieurs baudouillères, etc. Dans le plus grand nombre, ce sont des appendices pyloriques qui tiennent lieu de pancréas; ces appendices sont tantôt simples et tantôt multiples, comme chez les saumons et les gades, plus rarement ramifiés. On trouve un commencement de ramification, mais très-simple encore, dans le polyodon ; elle devient plus compliquée dans quelques genres de la famille des scombres, par exemple, chez le thon, où l'on voit partir de l'intestin grêle quatre gros troncs de cœcums, qui se ramifient et dont chaque branche finit par un bouquet de petits tubes minces. Dans l'espadon, la même structure existe aussi ; seulement les cœcums, au lieu d'être tubuleux, sont courts et épais. Dans l'esturgeon, ils sont unis ensemble par du tissu cellulaire, de manière à représenter une masse folliculeuse. Enfin, dans les raies et les squales, le pancréas offre une structure compliquée et acineuse, comme dans les animaux supérieurs. Chez ceux-ci, c'est-à-dire chez les mammifères, les oiseaux et les reptiles, il affecte généralement la forme d'une languette charnue, étendue en travers de la colonne vertébrale, entre les courbures du duodénum. De même que les glandes salivaires, il est dépourvu d'une enveloppe fibreuse particulière. Sa couleur et sa structure intime sont également les mêmes que celles de ces dernières glandes, c'est-à-dire qu'il est composé de lobes et de lobules réunis par du tissu cellulaire; les lobules se divisent eux-mêmes en petits grains creux, qui paraissent formés par la terminaison en cœcum des dernières radicules du canal excréteur, et à la surface desquels s'épanouit un réseau sanguin, artériel et veineux.

Il est encore un autre organe dont les fonctions, bien que fort peu connues, paraissent cependant liées à celles du foie, c'est la rate. La rate existe dans tous les animaux vertébrés, à l'exception peut-être des lamproies, qui n'en présentent qu'un rudiment fort imparfait. Rien de si varié que la forme de cet organe : tantôt simple et tantôt multiple ou divisé en plusieurs lobes, il présente des dimensions relatives très-différentes, non-seulement dans les espèces diverses, mais encore dans le même individu considéré dans telle ou telle circonstance. Sa couleur, déjà très-foncée dans l'homme, l'est encore beaucoup plus dans la plupart des autres mammifères; dans les oiseaux, les reptiles et les poissons, elle est plus intense que celle du foie, et généralement d'un rouge brun. Sa consistance est presque toujours en rapport avec celle de cette dernière glande : c'est-à-dire que, quand la substance du foie est molle, celle de la rate l'est aussi; si au contraire le foie est dur, la rate devient également plus ferme. Du reste, une membrane fibreuse, épaisse et élastique, revêt la rate de toute part, et accompagne les vaisseaux artériels et veineux qui pénètrent dans son tissu.

Dans l'homme, les artères de la rate tirent leur origine du tronc cœliaque par une branche considérable qui porte le nom de splénique ; il en est à peu près de même chez la plupart des mammifères ; mais, dans les trois autres classes, les artères de la rate ne sont plus les branches d'un tronc principal qui, dès qu'il se détache de la cœliaque, semble uniquement destiné à ce viscère ; ce sont de simples rameaux provenant des artères du ventricule succenturié, dans les oiseaux, de l'estomac ou du commencement de l'intestin, dans la plupart des reptiles et dans les poissons, ou même de la mésentérique, comme cela a lieu dans les grenouilles. Les veines de la rate affectent partout la même distribution que les artères correspondantes, et se rendent toutes à la veine-porte. Quant aux vaisseaux lymphatiques, ils s'y montrent, comme dans le foie, sur deux plans, dont l'un superficiel et l'autre profond.

En dernière analyse, ce sont les vaisseaux sanguins qui constituent principalement le parenchyme de cet organe ; ils aboutissent dans un tissu caverneux analogue à celui de la verge, lequel tissu se remplit plus facilement par les veines que par les artères, et paraît appartenir plutôt au système veineux qu'au système artériel. Outre ce tissu caverneux, composé essentiellement de cellules sanguines et de filaments fibreux qui les croisent en tout sens, quelques anatomistes ont décrit, dans la structure intime de ce viscère, des corpuscules d'un blanc plus ou moins rougeâtre, que les injections font disparaître, et dont on ignore l'usage.

Nous ne terminerons point ces généralités anatomiques sur l'appareil chargé de la sécrétion biliaire sans faire ressortir les analogies qui existent entre ce système organique et deux autres appareils, avec lesquels il entretient des relations fonctionnelles plus ou moins étroites : je veux parler des organes respiratoires et urinaires. Commençons par ce qui est relatif aux premiers.

Et d'abord, sous le rapport de la précocité et du mode de développement chez le fœtus, l'analogie que nous prétendons établir est de toute évidence. Elle ne l'est pas moins sous le point de vue de la constance dans la série ; mais c'est surtout relativement à la structure et à la composition organique que cette analogie devient des plus manifestes. En effet, qu'on suive le développement du poumon, soit chez l'embryon, soit, ce qui revient au même, en montant l'échelle zoologique, on le voit agrandir de plus en plus sa surface par les mêmes moyens à l'aide desquels nous avons vu le foie développer la sienne. Ce sont d'abord de simples sacs à parois plus ou moins lisses et planes, comme dans les reptiles ; puis ces sacs deviennent cloisonnés ; des cloisons on passe aux cellules, comme chez les oiseaux ; et de là, par une transition insensible, on arrive à la structure acineuse, telle qu'on la rencontre chez les mammifères. Seulement, pour conserver un accès et une issue faciles aux matières gazeuses avec lesquelles elles doivent être en rapport, jamais ici les cellules ne deviennent aussi petites ni aussi serrées qu'elles le sont dans le foie des mammifères.

Le poumon ressemble donc à une glande composée qui n'aurait pas reçu son entier développement, au foie des mollusques, par exemple ; de sorte que, s'il était possible de développer par l'insufflation le foie des mammifères, il ressemblerait probablement au poumon, comme le poumon

condensé par l'inflammation ressemble au foie. A cela près,
la structure est la même : en effet, dans le poumon comme
dans le foie, chaque radicelle du conduit sécréteur, c'est-à-
dire du canal bronchique, se termine par une extrémité
vésiculeuse en forme de cul-de-sac, à la surface de laquelle
vient s'étaler le réseau capillaire artériel et veineux. C'est ici
surtout que l'organe pulmonaire manifeste avec l'organe hépatique une véritable consanguinité, si je puis m'exprimer
ainsi. En effet, on retrouve dans le premier de ces organes
les différents ordres de vaisseaux que nous avons signalés
dans le second ; et de plus, chacun de ces vaisseaux paraît
y affecter la même destination. Ainsi l'artère pulmonaire,
qui charie du sang veineux, est pour le poumon ce que la
veine-porte est pour le foie ; c'est-à-dire que, de part et
d'autre, ces vaisseaux apportent un sang chargé de matières
à éliminer ; les veines pulmonaires correspondent évidemment aux veines hépatiques ; enfin, les artères bronchiques
remplissent ici le rôle de vaisseaux nutritifs absolument
comme les artères hépatiques.

Pour compléter l'analogie, disons aussi que, dans les deux
appareils, le conduit excréteur reçoit, vers son embouchure,
le produit d'un organe mucipare représenté par les glandes
bronchiques, d'une part, et de l'autre, par le pancréas. A
tous deux enfin se trouve annexée une glande dépourvue de
conduit sécréteur, sur les fonctions de laquelle règne, il est
vrai, beaucoup d'obscurité, mais qui paraît cependant
remplir dans les deux cas des usages analogues : je veux
parler de la rate comparée au corps thiroïde.

L'analogie que nous venons de signaler entre l'appareil
respiratoire et l'appareil biliaire n'est pas moins évidente

entre ce dernier et l'appareil sécréteur de l'urine. Ici encore, même précocité, même mode, même antagonisme de
développement. En effet, quand on considère, sous ce dernier rapport, l'état de ces deux systèmes organiques dans la
série des animaux, et aux divers âges du même animal, on
reconnaît que le développement de l'un est en sens inverse
de celui de l'autre : dans le jeune sujet et chez les animaux
inférieurs, c'est le foie qui prédomine; mais, à mesure que
l'on avance, soit dans la vie de l'individu, soit vers les orga-
nismes supérieurs, le rein acquiert plus de volume, tandis
que le foie en perd proportionnellement à celui du reste
du corps.

Relativement à leur structure, le parenchyme des deux
organes établit encore entre eux une ressemblance incontestable. Examinez un rein chez un jeune animal où il conserve encore ses formes primitives, et vous le trouverez
composé d'un certain nombre de lobules ; c'est ce qu'il est
facile de voir chez le veau notamment, et même chez certains animaux adultes, par exemple, chez les cétacés. Si
vous pénétrez plus avant, vous trouvez chaque lobule
composé d'une multitude de petits canaux grêles, longs,
et d'un diamètre à peu près uniforme, qui partent de
l'uretère sous forme de houppes soyeuses, se terminent en
cul-de-sac, et quelquefois s'anastomosent entre eux; ce
qui rappelle, jusqu'à un certain point, l'organisation élémentaire du foie ; à cela près que, dans ce dernier, les
vésicules terminales sont généralement moins longues et
moins flexueuses.

Il est vrai que, chez les mammifères, il n'existe point,
dans le rein, de veine afférente comparable à la veine-

porte, de manière que l'appareil urinaire extrait du même sang artériel et la substance dont il se nourrit et les matériaux de sa sécrétion ; mais ce n'est là qu'une exception, et cette espèce d'anomalie se trouve considérablement restreinte par la découverte que M. Jacobson a faite d'une veine-porte reinale dans les oiseaux, dans les reptiles, dans les amphibiens, et dans les poissons.

Un autre point de ressemblance qui a de tout temps frappé l'attention des physiologistes, c'est que le canal excréteur des deux systèmes se rend également dans une poche contractile, formée par un prolongement de l'enveloppe tégumentaire soit interne soit externe, et dans laquelle se déposent quelquefois des concrétions morbides. Du reste, comme pour les deux autres appareils, le conduit excréteur de l'urine est mis en rapport, un peu avant sa terminaison, avec des organes mucipares représentés ici par les glandes de Cowper et peut-être aussi par la prostate. Enfin, de même que le foie et le poumon, les reins se trouvent accompagnés d'une glande complémentaire dépourvue de conduit sécréteur, et qui présente un développement inverse du leur, ce sont les capsules surrénales.

De ce qui précède, il résulte que l'appareil qui sécrète la bile, constitue, avec ceux qui sécrètent l'acide carbonique et l'urine, une espèce de trinité organique tellement intime qu'il est rare de voir l'un de ces appareils se montrer sans ses congénères, soit qu'on les examine dans la série animale ou dans les différentes phases de leur développement chez un même individu. De plus, chacun d'eux, comparé aux autres, paraît édifié sur un plan commun. Dans chacun, en effet, on trouve un organe sécréteur qui, par son volume relatif, et par la disposition de sa structure, est évidemment appelé à jouer le principal rôle ; dans les trois cas, cet organe reçoit, comme les autres parties du corps, du sang artériel destiné à sa nutrition, et du sang veineux destiné à sa sécrétion ; dans les trois cas, le canal qui déverse le produit de cette glande est en rapport, vers sa terminaison, avec un organe qui lui fournit des mucosités plus ou moins abondantes ; dans les trois cas enfin, la glande principale est accompagnée d'une espèce de glande satellite, qui, dépourvue elle-même de conduit excréteur, ne paraît avoir à remplir que des fonctions secondaires. Certes, quelque peu disposé que l'on soit à saisir les rapports généraux de l'organisme, on ne saurait récuser des analogies manifestées par des caractères aussi saillants. Nous verrons, par la suite, que ces rapports anatomiques se maintiennent, avec la même évidence, sous le point de vue physiologique ou fonctionnel.

CHAPITRE II.

Les philosophes et les médecins de l'antiquité considéraient généralement la bile comme un détritus de l'organisme, qui ne tend qu'à être évacué ; telle était notamment l'opinion d'Aristote, d'Hippocrate et de Galien. Ce ne fut qu'au seizième siècle, alors que la chimie, à peine sortie du berceau, commençait à manifester ses prétentions sur le domaine de la physiologie, qu'on s'avisa de considérer la bile sous un autre point de vue. Cette humeur, qu'on avait regardée si longtemps comme une matière excrémentitielle, provenant en quelque sorte de l'épuration des autres fluides de l'économie, se trouva tout à coup transformée en un agent chimique des plus actifs, sans lequel l'élaboration des aliments ne peut s'accomplir.

Ce fut Van Helmont qui osa émettre le premier cette doctrine paradoxale, à l'appui de laquelle il n'apportait,

au reste, d'autre preuve que des subtilités et des réactions
imaginaires. Il attribuait donc à la bile la propriété d'effectuer, sur les aliments parvenus dans le duodénum, une
seconde digestion, en neutralisant, au moyen de son alcali,
le principe acide dont ils s'étaient imprégnés dans l'estomac.
Il prétendait en outre que la vésicule du fiel envoie dans
les vaisseaux du mésentère une bile particulière, qui doit
y contribuer à la troisième digestion. Ces idées, admises
par Sylvius avec quelques modifications, devinrent l'une
des bases des nouvelles doctrines iatro-chimiques ; et, qui
le croirait, malgré leur manque absolu de fondement, elles
ont servi de thème à la plupart des hypothèses qui se sont
succédées jusqu'à nos jours pour expliquer la prétendue
intervention de la bile dans l'accomplissement des fonctions
digestives.

En vérité, il faudrait des volumes pour exposer, même
d'une manière succincte, les principales théories auxquelles
ce sujet a donné naissance. Il suffira d'en citer quelques-
unes des plus remarquables pour faire comprendre sur
quelles bases futiles la plupart ont été établies.

Nous avons déjà parlé de la doctrine de Van Helmont et
de Sylvius ; celle de Boërhave en différait peu. De nos
jours, cette même doctrine a encore été reproduite, avec
quelques modifications, par MM. Leuret et Lassaigne qui,
tout en reconnaissant que la chylification peut, au besoin,
s'accomplir sans l'intervention de la bile, prétendent cependant que ce fluide met obstacle à la putréfaction du chyme,
en opérant la neutralisation de son acide. MM. Tiedemann
et Gmélin admettent en outre que l'acide du suc gastrique
précipite la majeure partie du mucus, de la matière colo-

rante et du principe résineux qui font partie du fluide biliaire, et que toutes ces matières ainsi éliminées vont concourir à la formation des excréments, tandis que les autres éléments de la bile prennent une part plus ou moins active à l'assimilation.

D'autres auteurs attribuent le principal rôle à la matière résinoïde de la bile. Ainsi Saunders admettait que la bile s'oppose, par l'amertume de sa résine, à la décomposition spontanée des aliments tirés du règne animal. Telle est aussi, à peu près, l'opinion du docteur Eberle. Ce physiologiste avance que, par son principe résineux et par son acide gras, la bile ralentit la décomposition du chyme, qui, sans elle, marcherait avec trop de rapidité. On peut aussi rapporter à cette catégorie la doctrine qu'Autenrieth s'était formée, d'après les recherches de Werner, de Reus et d'Emmert. Suivant lui, la matière biliaire a beaucoup d'affinité pour l'oxigène ; elle l'attire même à l'air libre, et le résultat de leur combinaison est la résine biliaire. La bile agit donc sur les diverses substances alimentaires et sur le suc gastrique lui-même en les désoxygénant, de manière à en précipiter des flocons chyleux blancs.

D'une autre part, Truttenbacher prétend que la bile n'agit point réellement sur la formation du chyle, mais qu'elle attire le superflu de la nourriture, se combine avec lui à la manière d'un contre-poison, et le rend incapable de nuire à l'organisme. Grimaud la considère comme un liquide imprégné de vie, qui provient d'une fermentation spécifique et vivante, et qui par conséquent aussi possède un mode d'action tout spécial. Le professeur Schultz la croit également propre à compléter la destruction des propriétés physiques des aliments, et à faire prédominer la direction qui leur est communiquée vers une formation organique d'un mode déterminé. Prout soutient qu'elle contribue à ce que de l'albumine se forme, dans l'intestin, aux dépens des aliments. Enfin, Chaussier avance, d'une manière générale, que la bile concourt avec les autres sucs, à absorber l'air et les gaz qui se trouvent dans le tube digestif, à compléter la dilution des aliments, et à opérer le départ du chyle d'avec les matières fécales.

A côté de ces dernières hypothèses, dont l'excentricité est telle qu'elles ne comportent point de réplique, il est quelques théories dans lesquelles le rôle de la bile, considérablement amoindri, paraît d'abord plus en harmonie avec les principes généraux de la science. Elles consistent à considérer la bile comme une espèce de savon animal capable de dissoudre ou d'émulsionner les parties grasses des aliments. On comprend, du reste, que cette manière de voir puisse également s'allier avec l'opinion de ceux qui regardent la bile comme un produit entièrement excrémentitiel et avec les idées de ceux qui prétendent qu'une partie plus ou moins considérable de ce produit rentre dans l'organisme avec les matières nutritives venues du dehors. Aussi les anciens et les modernes se sont-ils à peu près tous accordés sur ce point, et cet accord est d'autant plus surprenant, qu'il n'est basé sur aucun fait direct, sur aucune expérience positive.

Nous ne devons pas non plus passer sous silence, en terminant ce catalogue, une idée assurément fort originale, émise dans ces derniers temps par MM. Sandras et Bouchardat. Ces savants prétendent que les substances fécu-

lentes se convertissent en composés solubles dans les intestins ; or, cette solution, absorbée par les expansions des
rameaux de la veine-porte, est transportée au foie, qui, si
les matériaux combustibles surabondent dans le sang, en
expulse la majeure partie associée à la bile. Résorbée de
nouveau dans l'intestin, avec les éléments solubles de cette
humeur, elle retourne au foie, et ainsi de suite, jusqu'à
son entier épuisement. Il s'établit ainsi, disent ces auteurs,
une circulation bornée de la matière alimentaire combustible, qui, par cet admirable artifice, n'est transmise que
successivement et peu à peu au torrent de la circulation.

Nous n'entreprendrons point ici de réfuter en détail ces
élucubrations plus ou moins ingénieuses, sur lesquelles
nous aurons occasion de revenir ailleurs. Au surplus, en
produisant ces opinions contradictoires, notre principal
but a été de démontrer combien les meilleurs esprits sont
susceptibles d'illusions quand, au lieu de suivre la voie
lente et souvent pénible de l'observation et de l'expérience,
ils s'abandonnent aux caprices d'une imagination toujours
fertile, quand on considère la nature à travers le prisme
des systèmes préconçus.

Si, comme nous l'avons vu, ce fut la chimie qui, dans
l'enthousiasme de son début, entraîna la physiologie dans
une fausse voie, relativement au sujet qui nous occupe, ce
fut elle aussi qui, plus tard, contribua le plus puissamment
à l'en faire sortir. En effet, pour asseoir la nouvelle doctrine sur des bases plus solides que celles qui avaient été
établies par ses fondateurs, les chimistes s'efforcèrent tout
d'abord de découvrir dans la bile des principes capables de

répondre à la haute idée qu'ils s'étaient faite de sa coopération dans les phénomènes digestifs ; mais, au lieu de trouver ce qu'ils cherchaient, ils constatèrent que ce fluide renferme habituellement des matières où dominent l'hydrogène et le carbone, et ils conclurent de là qu'indépendamment des fonctions qu'on lui attribue dans la chylification, il pourrait bien aussi servir à entraîner hors de l'économie l'excès des principes combustibles dont la respiration n'a pu la débarrasser.

Ce furent eux aussi qui démontrèrent la présence de la bile ou de ses principaux éléments dans les matières fécales de tous les animaux indistinctement ; ce qui ne laissait aucun doute sur le but final de cette humeur. — (Voyez, à cet égard, mon Traité de la digestion, p. 430 et suivantes.)

Ils firent voir encore que, chez le fœtus et chez les animaux soumis au sommeil hybernal, c'est-à-dire dans des circonstances où elle ne saurait avoir aucune fonction digestive à remplir, la bile n'en est pas moins sécrétée avec abondance, car c'est elle qui constitue, dans ce cas, la majeure partie des fèces contenus dans le tube intestinal.

Il est vrai qu'à ces faits, l'on objecte certaines considérations qui, au premier aperçu, ne paraissent pas sans valeur. On prétend d'abord qu'une portion seulement de la bile contribue à la formation des matières fécales, ou bien encore que cette humeur ne devient excrémentitielle qu'après avoir participé à la chylose, soit en cédant au chyme quelques-uns de ces éléments constitutifs, soit peut-être aussi par une de ces influences de simple contact qu'on désigne aujourd'hui sous l'expression générique de force catalytique ; de sorte que la sécrétion biliaire aurait un double but à remplir, savoir : d'évincer de l'économie les matériaux inutiles ou nuisibles, et de fournir en même temps à la digestion un de ses agents les plus actifs. Du reste, pour soutenir cette assertion, on a coutume de se retrancher derrière l'argument suivant.

Si, dit-on, la bile ne contribuait en rien aux fonctions digestives, la nature n'en aurait pas invariablement placé le conduit sécréteur, chez toutes les espèces zoologiques, à la partie supérieure du tube intestinal, de manière qu'aucune parcelle de la matière alimentaire ne puisse échapper à son action. « *Bilem, si natura voluisset de sanguine expurgare, effudisset in vicinia intestini recti, ne chylum suâ admissione temeraret. Sed, in omnibus animalibus, in principium intestini adfunditur, ut nihil fere alimenti ad sanguinem veniat, quod cum câ non mistum sit.* » (Haller, Elem. physiol., t. I, p. 615).

Pour répondre à ces objections, le moyen le plus simple, c'est de voir si, lorsqu'un obstacle empêche la bile de se mêler avec le chyme, le chyle continue à se former, ou, ce qui revient absolument au même, si la nutrition générale n'est pas arrêtée par le fait de cette interruption. Les preuves de ce genre peuvent se classer en deux catégories : dans l'une, c'est la nature elle-même qui s'est en quelque sorte chargée de faire l'expérience ; c'est ce qui a lieu dans les cas pathologiques où une lésion de l'appareil hépatique ou des parties voisines intercepte plus ou moins complétement le cours de la bile ; dans l'autre, c'est à l'aide de vivisections qu'on arrive artificiellement au même but.

Il existe un grand nombre de faits pathologiques qui prouvent que le cours de la bile peut être interrompu pendant un temps quelquefois très-long, sans que la nutrition soit suspendue, comme cela devrait avoir lieu si la bile était réellement indispensable à la formation du chyle. Nous allons en citer quelques-uns des plus remarquables.

Blundel a trouvé le canal cholédoque terminé en cul-de-sac chez un enfant de deux ans et demi, qui, bien que atteint d'une jaunisse congéniale, n'en avait pas moins pris un rapide accroissement, accompagné d'un embonpoint assez considérable. (Mayo, Outlines of human physiology, p. 155.)

G. Mauver, cité par Morgagni, trouva, à l'autopsie d'un de ses malades, le canal cholédoque tellement oblitéré qu'il ne permettait plus le passage à la moindre goutte de bile, et que le stylet le plus fin ne pouvait y pénétrer.

Ce fut une altération organique de ce genre qui, d'après A. Palazoni, fit mourir Mauroceni, historien de Venise.

Méad dit avoir vu, après un ictère opiniâtre, le canal qui conduit la bile à l'intestin tellement rétréci qu'il ne pouvait recevoir un stylet, et qu'aucune portion de la bile, qui distendait la vésicule et engorgeait le foie, ne pouvait se faire jour dans le duodénum. Dans ce cas, le rétrécissement paraissait avoir été occasionné par une tumeur squirrheuse des parties qui avoisinent le pancréas.

Le docteur Fauconneau-Dufresne a aussi observé, sur un homme âgé de trente-quatre ans, le canal cholédoque en partie détruit et complétement oblitéré vers son extrémité duodénale. Ce qui en restait avait acquis au moins deux centimètres de diamètre. Celui du canal hépatique était de 22 millim.; les racines de ce canal avaient pris partout un tel développement qu'on pouvait les suivre à la surface du foie, dont elles contournaient les bords (Mémoire sur les calculs biliaires, p. 51).

M. Todd a décrit avec détail un des cas les plus extraordinaires en ce genre. Il s'agit d'un enfant de quatorze ans chez qui, par suite de l'oblitération du canal cholédoque par un squirrhe du pancréas, la vésicule et les conduits biliaires s'étaient si énormément distendus qu'ils furent pris pour un large abcès du foie proéminent au dehors. La ponction en ayant été faite, plus de trois pintes de bile furent évacuées. Le malade mourut le lendemain. (History of a remarkable enlargement of the biliary ducts. The Dublin hospital reports, 1817, p. 523.)

Dans d'autres circonstances, c'est le foie lui-même qui est détruit, dégénéré, au point d'être tout à fait impropre à effectuer sa sécrétion. On cite même un cas où cet organe manquait complétement. Ce fait est rapporté par Lieutaud, dans son histoire anatomique médicale, d'après une observation de G. Bauhin (liv. i, p. 190).

Il y est question d'un sujet dans le corps duquel on ne trouva aucune trace ni du foie ni de la rate, et chez lequel des rameaux de la veine-porte aboutissaient aux parois intestinales, fort épaissies. Toutefois, cette observation, dont on ne peut révoquer en doute l'authenticité, ne saurait être ici d'un grand poids; car il paraît fort probable qu'une sécrétion de bile devait avoir lieu, dans ce cas, par la surface des intestins, et que le foie, stratifié en quelque sorte à leur périphérie, ne manquait réellement pas d'une manière absolue. Quoiqu'il en soit, ce fait, unique peut-être dans les annales de la science, vient à l'appui des principes que nous avons émis précédemment sur l'origine du foie chez le fœtus; et, sous ce rapport au moins, il n'est pas dénué d'intérêt.

Quant aux cas pathologiques dans lesquels le foie s'est trouvé plus ou moins complétement anéanti ou dégénéré, on en rencontre un grand nombre épars dans les auteurs. Il nous suffira d'en rapporter quelques exemples.

Lieutaud raconte que, chez un jeune homme affecté de jaunisse depuis trois ans, et qui succomba à une hydropisie, il trouva le foie endurci, sec et squirrheux. (Loc. cit. obs. 623.)

Salmuth trouva, sur un enfant de douze ans, le foie dur comme une pierre (Portal. Maladies du foie, p. 600).

En 1828, on reçut à l'Hôtel-Dieu de Paris, dans les salles de M. Récamier, un homme atteint d'ictère depuis un grand nombre d'années, et qui était entré pour se faire soigner d'une pneumonie intense. Après sa mort, on trouva, outre les traces de l'affection pulmonaire, le foie excessivement induré. La poche cystique était vide, ainsi que les canaux hépatique et cholédoque, qui représentaient de véritables cordons ligamenteux; aussi n'y avait-il aucune trace de bile dans l'intestin. (B. Voisin. Physiologie du foie, p. 134.)

Un homme, âgé de 48 ans, ayant reçu un coup dans l'hypocondre droit, ne cessa d'éprouver depuis lors, à des intervalles assez rapprochés, dans la région du foie, des douleurs vives accompagnées de tous les symptômes qui constituent l'ictère. A sa mort, arrivée huit ans après l'accident, on trouva le foie grisâtre, parsemé de graviers, comme cartilagineux et tellement dur qu'on parvint avec peine à le diviser; on ne pouvait distinguer aucune trace de vaisseaux dans son parenchyme; la vésicule du fiel était oblitérée; les parois des canaux hépatique et cystique ressemblaient à un cartilage, et le cholédoque lui-même avait sa cavité singulièrement rétrécie. Du reste, dans aucune partie de l'appareil biliaire ni dans les intestins, on ne rencontrait la moindre trace de bile. (Ibid. p. 134.)

Un homme, âgé de cinquante ans, entra à l'hôpital de la Charité, pour se faire traiter d'un ictère qui durait depuis six mois. Les fonctions digestives ne présentaient d'autre altération qu'un défaut habituel d'appétit, et une constipation opiniâtre; les selles étaient consistantes et tout à fait décolorées. Le malade étant mort inopinément, on trouva, à l'autopsie, le foie extrêmement petit, comme flétri, et d'une couleur grisâtre ; le canal cholédoque, ainsi que le cystique, était transformé, dans toute son étendue, en un cordon ligamenteux, dans lequel la dissection la plus minutieuse ne put faire découvrir aucun reste de cavité. (Andral, Clinique, t. iv., p. 507.)

Une femme, âgée de 42 ans, jusqu'alors bien portante, devint hydropique, à la suite d'une chute, dans laquelle la région du foie porta sur un bois pointu. La ponction ayant été jugée nécessaire, on retira de l'abdomen environ 16 kilogrammes de liquide; après quoi, sous l'influence d'un régime analeptique, la malade se rétablit dans l'espace de quelques semaines, à tel point qu'elle put de nouveau vaquer à ses occupations. L'abdomen, cependant, resta tuméfié, dur, et la digestion difficile. Au bout d'une année, la malade fut de nouveau obligée de s'aliter, et mourut quelques mois après, sans que l'hydropisie se fût reproduite. L'autopsie en ayant été faite, on trouva, à droite, le diaphragme refoulé jusqu'à la seconde côte, à gauche, jusqu'à la quatrième. Poumons et cœur très-petits. Aucune trace d'épiploore ni de glandes mésentériques. Pancréas détruit. L'estomac, les intestins, la rate, les reins et la vessie étaient extrêmement petits. Le foie remplissait le reste de cette énorme cavité abdominale. La sérosité paraissait avoir été contenue dans le foie seul, dont la couleur était plus foncée qu'à l'ordinaire. Son lobe gauche était tellement tuméfié qu'il s'étendait jusqu'à la quatrième côte gauche. La vésicule biliaire avait disparu, et, à sa place, se trouvaient des brides celluleuses, de petits ulcères, et quelques calculs gros comme des noix. Le canal cholédoque était obstrué. (Aug. Bonnet, *Maladies du foie*, p. 187.)

Il serait inutile de multiplier ces citations. Les faits que nous venons de rapporter suffisent pour démontrer que des affections essentiellement chroniques peuvent empêcher pendant longtemps la sécrétion de la bile, ou son arrivée dans l'intestin, sans que la nutrition cesse pour cela de s'opérer; ce qui semble indiquer que ce fluide n'est point indispensable à la formation du chyle.

Cependant ces faits, tout significatifs qu'ils puissent paraître, n'ont jamais fixé beaucoup l'attention des physiologistes, parce que, disent-ils avec quelque raison, il n'est pas toujours permis de conclure de l'état pathologique à l'état physiologique, et qu'il est souvent bien difficile de discerner ce qui appartient en particulier à chacune des lésions nombreuses que l'on rencontre après la mort. Au surplus, ajoute-t-on, les sujets de toutes ces observations ont fini par succomber; or, n'est-il pas probable que l'interruption plus ou moins longue apportée au cours de la bile a contribué pour beaucoup à amener cette issue fatale?

Ce fut donc pour prendre, en quelque sorte, la nature sur le fait, et pour isoler autant que possible les phénomènes qui dépendent de la non-participation de la bile au travail digestif d'avec ceux qui pourraient provenir des lésions concomitantes, que certains physiologistes ont imaginé de lier le canal cholédoque sur des animaux vivants, et de déterminer ainsi artificiellement des anomalies mieux définies que celles qui se produisent naturellement dans quelques circonstances morbides.

On doit à un physiologiste anglais, à Brodie, la première expérience de ce genre. Il se proposait d'étudier la part que la bile prend non-seulement à la formation du chyle, mais aussi à celle du chyme, quelques physiologistes prétendant que ce fluide pénètre dans l'estomac pour concourir à la digestion proprement dite. Or, ayant lié le canal cholédoque sur de jeunes chats, qu'il mit à mort ensuite, après leur avoir donné à manger, il dit avoir constaté que la transformation des aliments en chyme s'était faite comme dans l'état normal, tandis que la chylification était complétement suspendue. On ne trouvait, assurait-il, aucune trace de chyle ni dans les intestins ni dans les vaisseaux lactés ; les intestins grêles contenaient une matière à demi-fluide, semblable au chyme renfermé dans l'estomac ; la consistance de cette matière augmentait peu à peu et devenait solide près de la terminaison de l'iléon dans le cœcum. Les vaisseaux chylifères étaient remplis d'un liquide semblable à la partie la plus fluide du chyme mélangée à de la lymphe.

Cet exposé sommaire des expériences de Brodie suffit pour faire voir combien elles sont imparfaites ; car il est probable que ce qu'il prenait gratuitement pour de la lymphe mêlée au chyme n'était autre chose que du véritable chyle. En effet, cette expérience a été répétée, depuis, par un grand nombre de physiologistes distingués, parmi lesquels nous citerons MM. Leuret et Lassaigne, Tiedemann et Gmélin, Magendie, B. Voisin, et tous déclarent que du véritable chyle s'est formé, dans ce cas, sans la coopération de la bile. J'ai lié moi-même le canal cholédoque sur quatre chiens, et j'ai obtenu des résultats absolument semblables, c'est-à-dire que j'ai toujours trouvé du chyle dans les vaisseaux lactés. (Voir mon Traité de la digestion, p. 172.)

Ces expériences semblèrent d'abord trancher la difficulté; toutefois, on ne tarda pas à se demander si elles sont réellement démonstratives. En effet, dit-on, quelques-unes de ces observations prouvent trop ; car, si la nutrition a pu continuer pendant longtemps de s'exercer sans trouble, tandis que la bile n'affluait point dans l'intestin, cette bile retenue n'avait donc porté aucun préjudice à la vie, et ne s'était par conséquent pas montrée matière excrémentitielle. Ensuite, il serait bien possible que la portion de bile qui est nécessaire à la formation du chyle parvînt au produit de la digestion par une autre voie, lorsque l'entrée directe de l'intestin lui est interdite. Tiedemann et Gmélin ont trouvé les vaisseaux lymphatiques du foie jaunes, dans ces circonstances, et ils ont constaté la présence des principes constituants de la bile tant dans le contenu du canal thoracique que dans le sang. Or, ce sang bilieux ne pouvait-il donc pas fournir, dans l'intestin, une sécrétion capable d'agir à l'instar de la bile? (Physiol. de Burdach. T. ix, p. 364.)

A la première de ces objections, il est facile de répondre que, si la rétention de la bile est compatible avec la vie, elle ne l'est certainement point pour cela avec l'état de santé. Or, la question est ici de savoir, non si la sécrétion biliaire peut devenir absolument inutile à l'organisme, mais si la vie, qui ne saurait persister au delà d'un certain temps, lorsqu'il ne se forme point de chyle, a pu néanmoins se prolonger bien au delà de ce terme, malgré l'absence complète de la bile dans le tube digestif ; ce qui démontrerait indirectement que du chyle plus ou moins parfait a dû se produire sans la coopération de ce fluide. D'ailleurs, on semble oublier que les voies urinaires, et peut-être aussi d'autres organes peuvent suppléer au foie, jusqu'à un certain point, et éliminer à sa place les matériaux dont ce viscère devait purger l'économie.

Quant à la seconde objection, elle a peut-être quelque chose de plus spécieux au premier abord ; mais, aux yeux de l'observateur impartial, sa subtilité même est déjà une preuve du peu de fondement que présente la théorie en faveur de laquelle on l'invoque, comme dernière ressource. A mon avis, on eût encore pu la renforcer d'une autre remarque à peu près de même valeur. J'ai en effet observé, dans le cours de mes expériences, que, chez les chiens devenus ictériques par suite de la ligature du canal cholédoque, il s'échappe continuellement de la plaie, et quelquefois de l'intérieur même de la cavité abdominale, une sérosité jaune, qui m'a offert tous les caractères organoleptiques de la bile ; or, comme ces animaux se lèchent continuellement, il est clair qu'ils introduisent ainsi dans leurs organes digestifs, des quantités de ce fluide qui, bien que très-faibles, pourraient à la rigueur suffire au rôle imaginaire dont on le gratifie.

Ces considérations, et quelques autres encore que je développerai par la suite, m'avaient engagé depuis longtemps à chercher le moyen d'ouvrir à la bile une issue nouvelle, en même temps que j'empêchais sa sortie naturelle, par la ligature du canal cholédoque. J'imaginai, à cet effet, de lier d'abord ce canal, comme d'habitude; puis, lorsque je jugerais que la vésicule est suffisamment gonflée pour atteindre les parois abdominales, d'arriver à ce réservoir graduellement, au moyen d'un petit cautère perforatif, qui n'avancerait qu'autant qu'il serait précédé d'une inflammation adhésive. Je fis même à cet égard un certain nombre de tentatives, qui toutes demeurèrent infructueuses. J'ai, du reste, consigné ce résultat dans un passage de mon Traité de la digestion, où je m'exprime ainsi :

« J'ai voulu essayer ce qui adviendrait en abandonnant l'animal à lui-même après la ligature du canal; or, tous les chiens que j'ai soumis à cette épreuve, ont succombé du cinquième au dixième jour, en présentant tous les symptômes d'une péritonite survenue tout à coup. Chez tous, l'autopsie démontra en effet qu'à la chute de la ligature, la bile s'était épanchée dans l'abdomen, le canal n'ayant pu s'oblitérer : ce qu'il est facile de comprendre, en réfléchissant que ses parois, constamment écartées par la présence de la bile, n'avaient pu contracter adhérence. Du reste, chez tous, l'urine devint ictérique dès le second ou le troisième jour, mais la sclérotique ne se colora en jaune que dans un petit nombre de cas. J'ai répété cette expérience jusqu'à douze fois, *dans un but particulier*, dont il est inutile de rendre compte ici. » (P. 174.)

Depuis la publication de cet ouvrage, un physiologiste

allemand, le docteur Th. Schwann, a aussi essayé d'ouvrir à la bile une issue anormale, après la ligature de son conduit naturel. Le procédé qu'il a mis en usage pour atteindre ce résultat paraît calqué sur celui que j'ai employé moi-même pour établir des fistules artificielles à l'estomac des chiens. Le travail du docteur Schwann a été publié dans Muller's archiv. 1844, p. 127. Voici du reste comment M. le docteur Jourdan en rend compte dans une des notes dont il a enrichi sa traduction de la physiologie de Muller, t. 1, p. 460.

« On attache un chien sur le dos, en ayant soin de ne pas trop allonger ni écarter les pattes de derrière, afin de ne pas nuire aux articulations coxo-fémorales. On fait une incision de deux ou trois pouces à la ligne blanche, immédiatement au-dessous de l'appendice xiphoïde. On ouvre ensuite le péritoine; on cherche le canal cholédoque; on le lie à une ligne environ au-dessous de la réunion des conduits hépatique et cystique; on le coupe au-dessous de la ligature, et on excise toute la portion qui s'étend jusqu'au duodénum, près duquel il n'est pas nécessaire de pratiquer une seconde ligature. Alors on cherche la vésicule biliaire, et, à l'aide d'une aiguille, on passe un fil sous la tunique péritonéale qui couvre le bas-fond du réservoir, en ayant soin de ne pas piquer la membrane muqueuse. Un second fil est passé de même à deux lignes de distance du premier. On noue ensemble les deux bouts de chaque fil; puis on pratique une suture à la plaie des parois abdominales, en commençant par le bas, et ménageant en haut une petite ouverture à travers laquelle passent les fils, par le moyen desquels on attire la vésicule au dehors. Cela fait, on pratique une petite incision aux parois de la vésicule, entre les deux ligatures ; on laisse couler la bile ; on enlève avec une éponge celle qui peut rester encore, et l'on fixe les bords de l'ouverture à la peau par plusieurs points de suture. On place une mèche de coton dans la vésicule, pour servir de conducteur à la bile. De cette manière, la sécrétion du foie continue, et le produit ne peut s'épancher dans l'abdomen. L'opération terminée, on pèse l'animal tous les jours, afin de constater s'il maigrit ou non. Son poids change très-peu pendant les deux ou trois premiers jours, à moins qu'il n'ait souffert beaucoup de l'opération ; et alors il meurt ordinairement, quoique ce ne soit pas toujours des suites de cette dernière. »

« Le docteur Schwann a opéré ainsi dix-huit chiens. Chez deux de ces animaux, l'autopsie fit voir que le canal s'était reproduit ; la fistule se ferma d'elle-même. Dix périrent des suites immédiates de l'opération ; six vécurent plus ou moins longtemps, et leur mort ne put être attribuée qu'au défaut de bile dans l'intestin. Ces derniers commencèrent le troisième jour à maigrir ; tous succombèrent au milieu des symptômes d'une complète inanition. »

« De ces expériences l'auteur tire les conclusions suivantes : 1° La bile n'est pas une humeur purement excrémentitielle ; elle joue dans l'économie un rôle important à la conservation de la vie ; 2° elle est indispensable aux jeunes animaux comme aux adultes, et les premiers paraissent même en supporter moins bien le défaut ; 3° quand elle ne peut arriver dans le canal intestinal, son absence se fait ordinairement sentir, chez les chiens, par une diminution de poids ; 4° la mort des chiens adultes a lieu au bout de deux ou trois semaines, parfois plus tôt, quelquefois aussi plus tard; 5° elle est précédée des symptômes d'un défaut de nutrition, grand amaigrissement, faiblesse musculaire, chute des poils et légères convulsions pendant l'agonie; 6° la bile qui arrive naturellement dans le duodénum n'est point suppléée par celle que les animaux peuvent avaler en léchant leur plaie; 7° cette bile avalée ne trouble pas la digestion. »

« Chez l'un des chiens, qui mourut le dixième jour, et dont le canal cholédoque ne s'était pas rétabli, les lymphatiques du mésentére étaient translucides et presque vides. Le canal thoracique contenait, dans la poitrine, une assez grande quantité de lymphe blanchâtre et semblable à du lait étendu d'eau. Cette lymphe, extraite du canal, se coagulait au bout de dix à quinze minutes; elle contenait de la fibrine. Au microscope, on y découvrit, outre des globules de lymphe, une multitude de gouttelettes de graisse, de toutes les dimensions, comme dans le lait; ce qui prouverait que la graisse peut être absorbée dans l'intestin sans le secours de la bile, si l'on avait eu la précaution d'empêcher l'animal de lécher sa fistule. L'estomac était plein de lait (dont l'animal avait pris beaucoup pendant les deux derniers jours), et ce lait était coagulé. La moitié supérieure de l'intestin grêle contenait également une substance analogue au lait, qui était presque liquide dans le duodénum, et un peu plus consistante dans le jéjunum. Toute cette moitié supérieure n'offrait aucune trace de coloration jaune (ce qui fait présumer que l'animal ne s'était plus léché pendant les dernières vingt-quatre heures). La moitié inférieure de l'intestin grêle contenait les produits de la digestion des jours précédents, durant lesquels l'animal avait été nourri de viande, de graisse et de pommes de terre. Ces résidus avaient une couleur jaune; mais ils étaient presque liquides, et acquéraient d'autant plus de consistance qu'ils se rapprochaient davantage du gros intestin. Ce dernier contenait une masse solide, d'un brun jaunâtre, qui remplissait entièrement le rectum. »

Il y a ici deux ordres de choses à examiner :

1° Les faits en eux-mêmes, abstraction faite de toute théorie ;

2° Les conséquences physiologiques que l'auteur déduit de ces faits.

Relativement au premier point, je dirai tout d'abord que je ne crois pas possible d'arriver jamais au résultat qu'on se propose, en suivant le procédé du célèbre physiologiste allemand. En effet, chez le chien, la vésicule biliaire n'occupe pas, comme chez l'homme, la partie concave du foie ; elle n'est point non plus, comme chez ce dernier, disposée de manière à atteindre les parois abdominales, pour peu qu'elle se développe ; enfin, lorsque par une distention forcée, elle aboutit à ces parois, le point par lequel elle y touche se trouve encore à une assez grande distance de l'appendice xiphoïde, c'est-à-dire de l'extrémité antérieure de l'incision pratiquée aux parois abdominales. Chez le chien, ce réservoir est enfoncé profondément entre le diaphragme et les lobes du foie, de sorte qu'il échappe à la vue et au toucher, lorsqu'il n'est point suffisamment rempli de bile.

Or, comprend-on, d'après cela, qu'à travers une ouverture de cinq ou six centimètres, dont les bords tendent à se rapprocher avec plus ou moins de force, on puisse aller, au fond de la cavité abdominale, passer deux fils à travers la tunique péritonéale de la vésicule, sans en perforer la muqueuse : ce qui serait déjà un tour d'adresse assez délicat, si l'on agissait sur un cadavre, c'est-à-dire, lorsque l'on n'est gêné ni par le sang, ni par les mouvements de l'animal? Mais supposons ces premières difficultés vaincues, comment concevoir que cette tunique cellulaire, d'une si faible texture, puisse supporter la traction exercée sur elle pour amener le bas-fond de la vésicule en contact avec les bords de l'incision faite aux parois abdominales ? Quant à la mèche de coton introduite dans l'ouverture de la vésicule, pour servir de conducteur à la bile, je ferai observer qu'elle ne saurait aucunement remplir ce rôle à l'égard d'un fluide aussi visqueux, et qu'elle produirait bien plutôt l'effet opposé, si, comme cela est probable, l'animal ne l'enlevait en se léchant.

Si maintenant, des faits, nous passons aux conséquences que l'auteur s'est cru en droit d'en tirer, nous reconnaîtrons sans peine qu'elles portent, pour ainsi dire, toutes à faux. Quoi, tandis que les chiens les plus maltraités sont morts en quelques jours, des suites immédiates de l'opération, on prétendrait que, chez ceux qui, ayant moins souffert, ont survécu quelques semaines, la mort doit être attribuée à l'inanition! Mais, pour que cette conclusion fût logique, il eût d'abord fallu prouver qu'à l'autopsie ne s'était présenté aucune lésion organique capable d'avoir occasionné la mort, et c'est précisément ce que l'on ne paraît pas avoir fait. Or, si j'en juge par le résultat d'expériences analogues qui me sont propres, l'examen cadavérique n'aurait sans doute pas manqué de faire découvrir dans les viscères abdominaux la véritable cause à laquelle la mort doit être attribuée. Il est en effet probable que chez la plupart des chiens qui ont survécu quelques semaines, l'ouverture fistuleuse avait fini par s'oblitérer d'elle-même ; ce qui exposait ces animaux aux accidents que nous indiquerons plus loin comme inséparables de la rétention biliaire. A l'appui de cette manière de voir, nous remarquerons que, chez plusieurs d'entre eux, la continuité du canal cholédoque s'était rétablie, ce qui n'aurait pu avoir lieu, comme nous le démontrerons par la suite, si la bile avait pu se frayer une issue par un autre point.

Quant à l'amaigrissement progressif des animaux après l'opération, nous aurons à nous en expliquer ailleurs ; toutefois, sans rien préjuger ici sur cette question, nous ferons seulement observer qu'il semblerait plus naturel d'en attribuer la cause à la diminution dans l'appétit, et aux désordres que l'on a été obligé de produire.

Quoiqu'il en soit, le docteur Schwann se trouve en contradiction avec lui-même, lorsque, à propos de la graisse trouvée dans les vaisseaux chylifères de l'un des chiens qui avaient survécu, il convient que si l'animal n'avait pas introduit de bile dans son canal digestif en léchant sa plaie, cela démontrerait que l'absorption des corps gras peut s'opérer sans le concours de ce fluide. Mais, ou la bile avalée peut suppléer celle qui arrivait dans l'intestin par les voies naturelles, et alors comment, dans les expériences de l'auteur, les animaux ont-ils pu succomber d'inanition : ou bien cette bile avalée devient tout à fait inerte relativement aux fonctions digestives ; or, dans ce cas, si la graisse

que l'on suppose exiger plus particulièrement l'intervention
de cet agent, a pu néanmoins être absorbée sans son concours, pourquoi les autres substances alimentaires n'au-
raient-elles pu aussi s'en passer pour leur complète élaboration ; et, dans tous les cas, comment un animal qui absorbe
de la graisse aurait-il pu succomber d'inanition dans un
laps de temps plus court que celui durant lequel ils survivent
ordinairement quand ils sont soumis à un jeûne absolu?

Il y a plus, c'est que les expériences du docteur Schwann
prouvent précisément le contraire du principe qu'il se proposait d'établir. En effet, ses chiens avalaient de la bile
fraîche ; or, on ne voit pas pourquoi cette bile ne pouvait
pas agir sur les aliments comme elle l'aurait fait en arrivant
directement dans le duodénum. Dira-t-on qu'en traversant
l'estomac, elle subit de la part du suc gastrique une décomposition qui lui enlève toute son énergie? Mais alors il resterait à expliquer comment ce fluide opère chez les animaux inférieurs où il arrive en totalité dans l'estomac. Des
anomalies de ce genre se sont même présentées chez
l'homme, et l'on connaît notamment l'histoire de ce forçat
qui, au rapport de Vésale, était d'une voracité extraordinaire, et chez qui l'on trouva le canal cholédoque aboutissant
à l'estomac.

Il résulte de ces considérations que les expériences du
docteur Schwann ne sauraient avoir le moindre poids aux
yeux des physiologistes qui, dégagés de toute opinion préconçue, n'accordent de valeur aux faits qu'autant qu'ils se
présentent avec ce caractère de netteté et de précision qu'on
est en droit d'exiger aujourd'hui. En conséquence, j'ai cru
que le temps était plus que jamais venu de trancher la

question d'une manière définitive en essayant de nouveau
d'établir des fistules biliaires sur des animaux vivants.

Nous avons vu plus haut, par un passage extrait de mon
Traité de la digestion, que les chiens opérés par moi avaient
tous succombé à une péritonite aiguë, dont j'attribuais la
cause à un épanchement de bile dans l'abdomen, survenu
à la chute de la ligature. Pour prévenir, autant que possible, un semblable accident, je pris, cette fois, le parti de
n'employer que des fils minces de caoutchouc, qui, à raison
de leur élasticité, ne permettraient pas de serrer le canal
au delà du degré nécessaire pour intercepter le cours de la
bile, de manière que la chute de la ligature se trouvât ainsi
retardée. Je me servis à cet effet des fils de caoutchouc que
l'on trouve dans les tissus élastiques en les incisant dans le
sens des côtes. Ces fils, quoique très-extensibles, ne se
rompent que difficilement ; aussi remplirent-ils à merveille
le but que je me proposais.

Cependant, bien que les animaux ne parussent pas avoir
beaucoup souffert pendant l'opération, tous succombèrent
encore dans la première semaine, à l'exception d'un seul
qui vécut trente-deux jours, et sur lequel nous reviendrons.
Je sacrifiai ainsi vingt-cinq chiens, de différentes tailles
et de différentes espèces, dans l'espace de quelques mois.
Voici du reste les observations qu'ils m'ont mis à même
de recueillir.

Immédiatement après l'opération, ils étaient plus ou
moins abattus ; mais, au bout de quelques heures, ils al-
laient et venaient sans paraître beaucoup souffrir. La plupart n'éprouvèrent ni vomissements ni envies de vomir.

Tous buvaient beaucoup. Dès le lendemain ou le surlendemain, l'ictère se manifestait par la teinte des urines et par la
décoloration des matières fécales. Dès cette époque aussi,
ils commençaient à prendre quelques aliments solides, et
l'appétit ne faisait qu'augmenter les jours suivants ; puis, il
cessait tout à coup, du quatrième au huitième jour, plutôt
chez les uns, plus tard chez les autres ; dès lors, abatte-
ment général, vomissements opiniâtres, gonflement de l'abdomen, en un mot, tous les symptômes d'une péritonite
sur-aiguë, qui emportait l'animal en vingt-quatre ou quarante-huit heures. A l'autopsie, je trouvais constamment
des adhérences, avec de la suppuration, dans le péritoine;
mais surtout un épanchement abondant, le plus souvent
sero-bilieux, et quelquefois aussi sanguinolent. La vésicule et les différents canaux biliaires étaient plus ou moins
gonflés, bien que, la plupart du temps, la ligature fût déjà
détachée. Dans deux cas seulement, par suite d'efforts auxquels l'animal s'était livré, la cicatrice du canal avait cédé,
et la bile s'était épanchée dans l'abdomen.

En réfléchissant à toutes ces circonstances, je finis par
comprendre la cause qui entraînait presque infailliblement
la perte de mes chiens. Voici, à n'en pas douter, comment
les choses se passent en pareil cas. L'animal n'ayant pas
beaucoup souffert, se remet promptement, avons-nous dit ;
dès le lendemain il commence à manger, et l'on serait dès
lors tenté de croire qu'il doit en réchapper, lorsque tout à
coup il succombe à une péritonite consécutive. Or, ce résultat provient de ce que, pendant les premiers jours, la bile
produite pouvant se loger dans la vésicule, continue à être
sécrétée, bien que en moindre proportion peut-être, à cause

de la surexcitation dont le foie est le siége ; mais , une fois ce réservoir rempli, la sécrétion biliaire se trouve aussitôt entravée. Dès lors, le sang de la veine-porte, ne pouvant plus se dépouiller des matériaux de la bile, éprouve une stagnation plus ou moins complète, et de là un épanchement séreux dans la cavité abdominale, lequel s'effectue d'autant plus facilement que le péritoine doit encore être sous l'influence d'un état phlegmasique. Cela est si vrai que, chez les chiens robustes, l'épanchement, au lieu d'être séro-bilieux, est sanguinolent, et même purement sanguin. Dans ce cas, le péritoine et le mésentère sont fortement injectés, d'un rouge brun, et la mort a été tellement rapide qu'on ne rencontre d'adhérences que dans les parties qui avoisinent la plaie abdominale et la ligature du canal cholédoque. C'est donc là une véritable apoplexie péritono-mésentérique, semblable à celle que déterminerait la ligature immédiate de la veine-porte, avant son entrée dans le foie.

Pour obtenir la contre-épreuve de cette explication, j'opérai deux chiens comme de coutume, avec cette différence que, après avoir découvert le canal cholédoque, je plaçai les ligatures à côté, en n'y comprenant qu'une veine mésentérique et un peu de tissu cellulaire. Or, dans ces deux cas, la guérison fut prompte et régulière. Toutefois, je dois faire observer que les animaux, auparavant très-gras, maigrirent beaucoup après l'opération ; et, bien que dès la seconde semaine ils mangeassent aussi copieusement que s'ils eussent été en pleine santé, ils restèrent encore longtemps dans un certain état d'émaciation.

Avant d'aller plus loin, notons en passant une conséquence qui découle naturellement de ces faits : c'est que les matériaux de la bile proviennent bien réellement du sang de la veine-porte ; puisque , s'il n'en était pas ainsi , l'obstacle apporté à la sécrétion du foie , sans entraver sa nutrition , n'aurait point entraîné les désordres que nous avons signalés. Ce qui est aussi à noter , c'est la difficulté que le sang de la veine-porte éprouve à traverser le foie lorsqu'il ne peut y éprouver l'espèce d'épuration que ce viscère est destiné à lui faire subir.

Quant au chien qui vécut trente-deux jours, il mérite, avons nous dit, une mention spéciale. C'était un vieux chien, de taille moyenne et très-gras. A raison de son embonpoint, qui ne permettait pas de trouver facilement le canal cholédoque, ce fut un des plus maltraités. Dès le second ou le troisième jour , les urines avaient acquis une couleur safranée et une odeur forte, qui ne firent qu'augmenter jusque vers le dixième jour , époque où la sclérotique commença seulement à se colorer en jaune. Dès les premiers jours aussi , les excréments devinrent grisâtres, tout en conservant leur consistance et leur fétidité habituelles ; il en fut ainsi jusqu'au dernier moment. Il est une circonstance que je ne dois pas non plus omettre de mentionner, car c'est à elle qu'il faut attribuer l'absence d'épanchement dans l'abdomen , à laquelle l'animal dut un prolongement d'existence, c'est que, dans les premiers jours qui suivirent l'opération , il rendit par les selles une assez grande quantité de sang noirâtre. Cependant, quoiqu'il ne cessât jamais de prendre un peu de nourriture, il maigrissait à vue d'œil, et chaque jour il perdait de ses forces ; la veille de sa mort, il était arrivé à un tel point de marasme qu'il ressemblait à un squelette ambulant, et avait peine à faire quelques pas sans tomber. Le soir, il mangea encore assez copieusement, et le lendemain matin je le trouvai sans vie.

A l'autopsie, je ne rencontrai dans la cavité abdominale ni épanchement, ni adhérences ailleurs qu'aux environs de la ligature. Celle-ci, après avoir coupé les parties qu'elle étreignait, restait encore en place, et ne paraissait avoir subi d'autre altération qu'un léger gonflement. Du reste, la vésicule, énormément distendue, faisait entre les lobes du foie une légère saillie, qui correspondait à l'angle antérieur de l'espace triangulaire compris entre les fausses côtes droites et l'appendice xiphoïde. Les canaux cystique et cholédoque étaient décuplés de volume, et ce dernier, malgré la perte de substance que je lui avais fait éprouver, était même parvenu en s'allongeant à rejoindre le duodénum, avec lequel il avait contracté adhérence, sans que toutefois aucune communication se trouvât établie entre eux, ainsi que j'eus soin de m'en assurer par une dissection minutieuse. Il est même à noter que les adhérences avaient lieu assez loin du point où le canal s'insère à l'intestin dans l'état naturel. La bile était d'un vert foncé, plus épaisse que de coutume, mais sans odeur extraordinaire. Le foie, gorgé de sang, avait sa couleur habituelle, et paraissait sain. Il en était de même de la rate et en général de tout le tube digestif. L'estomac contenait encore quelques restes de viande à demi chymifiée, et les intestins une bouillie grisâtre, semblable, sauf la couleur, à celle que l'on y rencontre dans l'état normal.

J'ai cru devoir rapporter cette expérience avec quelques détails, parce qu'elle m'a paru curieuse sous plus d'un rapport. D'abord elle démontre qu'après l'oblitération du canal cholédoque, le passage du sang à travers le foie n'est que plus ou moins gêné, et non complétement interrompu. Aussi, lorsque, pendant la période inflammatoire qui dispose aux épanchements, ce fluide parvient à se dégorger par les veines hémorrhoïdales, la circulation parvient-elle peu à peu à se rétablir; ce qui explique peut-être comment des malades ont survécu à l'occlusion absolue des voies biliaires, lorsque cette oblitération s'est produite graduellement. Quant à la cause qui, en définitive, a entraîné la mort de l'animal, je la crois complexe. Le trouble fonctionnel qui succède aux grandes opérations, et entretient chez les animaux un état de dépérissement plus ou moins prolongé, ainsi que nous l'avons vu chez les deux chiens dont le canal n'avait point été lié, ce trouble, dis-je, paraît y avoir contribué pour beaucoup ; je pense aussi que, privé de l'espèce d'épuration qu'il doit subir dans le foie, le sang finit par se détériorer d'une manière quelconque et par devenir impropre à entretenir la nutrition. Ce qui est certain, c'est que, ayant pratiqué une petite incision aux parois abdominales, peu de temps avant la mort de mon chien, il s'en écoula un sang couleur lie de vin, sans aucune plasticité, et évidemment dans un état de décomposition. L'absence de la bile dans le tube intestinal avait-elle aussi contribué à amener la mort ? C'est une question que, sans doute, plus d'un lecteur serait tenté de résoudre par l'affirmative, conformément aux conclusions du docteur Schwann, et j'avoue que, pour mon propre compte, ma confiance dans le principe que j'avais admis de la non-intervention du fluide biliaire dans le travail digestif fut sur le point d'être ébranlée par ce fait. Toutefois, je ne perdis point courage, et résolus de pousser l'expérience jusqu'au bout.

Bien que le sujet dont je viens de rapporter l'histoire fût dans les meilleures conditions pour l'établissement d'une fistule, je ne procédai cependant pas à cette seconde partie de mon opération, par la raison bien simple que j'ignorais alors le point précis par lequel la vésicule forcément distendue vient atteindre les parois abdominales. Pour m'en assurer, je pris donc le parti d'abandonner l'animal à lui-même, afin de profiter, sur d'autres, des renseignements recueillis à son autopsie. J'eus lieu de m'en repentir plus tard, car il me fut désormais impossible d'obtenir un semblable résultat sur les chiens que j'opérai ensuite. C'était le second que je soumettais à l'expérience, depuis la reprise de mes travaux ; et, quoique j'eusse acquis plus d'habitude dans la pratique de cette opération, les vingt-trois autres chiens, sur lesquels je la pratiquai successivement, périrent tous dans la première semaine, ainsi que nous l'avons vu.

Que penser, d'après cela, des résultats que M. le docteur B. Voisin prétend avoir obtenus en liant le canal cholédoque ? (Physiol. du foie, p. 88.) De dix chiens sur lesquels ce physiologiste pratiqua l'expérience, il n'y en eut que cinq qui succombèrent les premiers jours, aux suites immédiates de l'opération ; les cinq autres ne périrent que beaucoup plus tard, à savoir, trois au bout de six semaines, et les deux autres au bout de trois mois. Chez l'un de ces derniers, la vésicule s'étant spontanément rompue par excès de distention, la mort fut l'effet de l'épanchement de la bile dans la cavité péritonéale. A l'autopsie, tous les viscères abdominaux furent trouvés gorgés de sang, mais du reste dans l'état normal, excepté toutefois le péritoine qui était enflammé. Quant aux autres animaux qui survécurent, l'auteur ne fait aucune mention des phénomènes qu'ils ont dû présenter depuis l'opération jusqu'à l'époque où ils ont succombé. Quoiqu'il en soit, ces résultats, comparés à ceux que j'ai obtenus, sont d'autant plus surprenants que, selon toute apparence, les chiens de M. Voisin ont eu plus à souffrir que les miens des manœuvres opératoires, à en juger du moins par cette particularité, que les animaux opérés par cet expérimentateur refusèrent généralement tout aliment solide pendant la première semaine, tandis que les miens commencèrent à manger dès le second ou le troisième jour.

Une fois convaincu par tous ces échecs de l'impossibilité où j'étais de prolonger, pendant un temps suffisant, l'existence des animaux chez lesquels le cours normal de la bile avait été intercepté, je dus renoncer définitivement à ma méthode opératoire, et faire désormais en sorte d'ouvrir une issue artificielle à ce fluide, en même temps que j'empêchais son arrivée dans l'intestin. Après quelques tentatives infructueuses, j'eus enfin le bonheur de réussir au delà de mes espérances. Ainsi qu'il arrive souvent dans les recherches scientifiques, j'avais fait de longs détours pour arriver au but que je me proposais, lorsqu'il suffisait en quelque sorte, d'étendre la main pour l'atteindre. Afin de faciliter à d'autres les moyens de répéter cette expérience, qui doit désormais compter parmi les expériences fondamentales de la science, je vais décrire, avec tous les détails nécessaires, le procédé bien simple que j'ai mis en usage.

Avant tout, on doit s'occuper, du choix de l'animal destiné à l'expérience. Ceux de taille moyenne paraissent les plus convenables; trop petits, ils seraient plus difficiles à opérer, et d'ailleurs ils résisteraient moins bien aux suites de l'opération; trop gros, ils font des efforts qu'on a souvent de la peine à maîtriser. Il est bon qu'ils n'aient qu'un médiocre embonpoint; trop gras, ils présenteraient de grandes difficultés pour atteindre la vésicule, et surtout pour découvrir le canal cholédoque; trop maigres, il serait à craindre qu'ils ne pussent supporter le dépérissement progressif qui succède, dans le principe, à l'opération. Toutes choses égales d'ailleurs, les jeunes chiens m'ont paru résister moins bien que ceux qui ont atteint un certain âge, sans cependant être trop vieux. Il est presque superflu de dire que les plus robustes sont les meilleurs. Au surplus, comme il n'est pas toujours facile de se procurer des animaux réunissant toutes ces conditions avantageuses, mais non indispensables, on tâchera seulement que ceux dont on fait choix s'en rapprochent le plus possible.

Il faut ensuite pourvoir aux moyens de maintenir l'animal pendant l'opération. Ce point n'est pas à dédaigner; car on conçoit que, lorsqu'il s'agit d'une expérience aussi délicate, il importe qu'aucun déplacement, aucun mouvement brusque ne vienne ajouter aux difficultés, déjà assez nombreuses, qui doivent se présenter. La plupart des expérimentateurs se contentent de faire tenir l'animal par des aides, tandis que d'autres préfèrent le garotter sur une planche. Le premier de ces expédients ne remplit qu'imparfaitement son but et exige un grand nombre d'aides, qui gênent l'opérateur; le second laisse libres les déplacements du tronc, et en outre produit, dans les articulations des membres, des tiraillements dont les suites peuvent devenir fâcheuses. C'est pour obvier à ces inconvénients que j'ai imaginé un appareil fort simple, dont je ne saurais trop recommander l'emploi aux vivisecteurs, non-seulement pour l'expérience dont il s'agit, mais aussi pour toutes les opérations analogues.

Il consiste dans une espéce de gouttière formée par la jonction de deux planches adaptées l'une à l'autre, à angle droit, ou à peu prés. Ces planches, dont la longueur est d'un mètre et demi, sur dix-huit ou vingt centimètres de largeur, portent chacune, à l'une de leurs extrémités, et à quelques centimètres de leurs bords, une mortaise assez large pour donner un libre passage à une courroie pliée en deux. Du reste, comme cette gouttière ne pourrait se maintenir debout sur son arête, elle est clouée sur deux patins ou chevalets convenablement échancrés. Pour compléter l'appareil, il suffit d'une courroie suffisamment longue pour que, étant fixée par le milieu, à l'aide de quelques pointes, sous la partie extérieure de la gouttière qui porte les mortaises, chacune de ses extrémités puisse passer à travers ces entailles, après avoir été pliée en deux, de manière à former une anse, et de là, se rejoindre l'une à l'autre, par déssus les bords de la gouttière, de telle sorte qu'en serrant la boucle, on étreigne tout ce qui serait compris dans l'anse. Quant à la manière de se servir de cet appareil, elle est des plus simples. L'animal étant couché dans la gouttière, on introduit ses pattes de derrière, jusqu'au-dessus de l'articulation tibio-fémorale, dans les anses de la courroie, que l'on serre ensuite modérément. Le train

postérieur se trouve ainsi fixé solidement et sans danger
pour les articles, tandis que les mouvements du tronc
sont empêchés par les parois de la gouttière. Un seul aide
suffit pour maintenir la tête et les membres thoraciques.

Les instruments dont on doit se pourvoir sont un bistouri
droit, un autre boutonné, une sonde cannelée pointue
comme celle dont on se sert pour l'opération de la hernie,
une paire de ciseaux, des pinces à pansement, ou mieux
des pinces à ligature serrant à ressort, des aiguilles à suture garnies de gros fil double ciré, une petite aiguille à
séton, large de 7 ou 8 millimètres au plus, et recourbée
comme une aiguille à suture ordinaire. Cet instrument, destiné à pratiquer, à travers les parois abdominales, l'ouverture particulière par laquelle doit passer le bas-fond de la
vésicule, est commode mais non indispensable, car on peut
le remplacer par le bistouri et par une simple aiguille à
suture. On doit en outre se munir d'une grosse épingle,
d'un fil de soie ciré, de plusieurs fils de caoutchouc fixés
par un nœud dans le chas d'autant d'aiguilles à suture, et
enfin d'une rondelle mince de cuir ou de caoutchouc en
feuille, ayant à peu près les dimensions d'une pièce de cinq
centimes.

Avant d'être soumis à l'opération, l'animal doit être à
jeun depuis vingt-quatre heures, afin que la vésicule soit
bien distendue par la bile, sans quoi, il serait difficile de
l'apercevoir et de la saisir sans occasionner des désordres
plus ou moins graves dans le parenchyme du foie, entre
les lobes duquel elle est alors cachée. Je ferai même à cet
égard une remarque qui n'est pas sans importance pratique. La plupart des chiens qui sont mis à la disposition

des expérimentateurs sont tristes, et refusent tout aliment
pendant les premiers jours de leur captivité ; or, si on les
opérait dans ces dispositions, la vésicule serait à peu près
vide, même après quarante-huit heures et plus d'abstinence
volontaire ; d'où l'on doit conclure que, pour que ce diverticule s'emplisse, il faut que non-seulement l'animal soit à
jeun, mais qu'il éprouve encore une appétence prononcée
pour les substances alimentaires. Et de fait, ne sait-on pas
qu'à l'autopsie des malades qui ont succombé à différentes
affections, après une longue anoréxie, il est rare de rencontrer la vésicule biliaire à l'état de distention ? Quoi qu'il
en soit, et sans déduire ici aucune conséquence physiologique de ce fait, dont j'ai vérifié plusieurs fois l'exactitude,
toujours est-il qu'il doit engager les expérimentateurs à
n'opérer qu'après que les animaux ont entièrement recouvré
leur état normal.

Ces dispositions étant prises, et le chien solidement
fixé dans l'appareil que nous avons décrit, on fait raser
la partie inférieure de l'abdomen, en ayant la précaution
d'enlever avec soin tous les poils, afin qu'aucun ne pénètre dans la plaie. Cela fait, l'opérateur placé à droite de
l'animal, pratique, le long de la ligne blanche, une incision
qui, partant de l'appendice xiphoïde, se dirige vers le pu-
bis, dans une étendue de cinq ou six centimètres, en y
comprenant successivement la peau et les aponévroses
musculaires. Arrivé sur le péritoine, il doit l'ouvrir avec
précaution, et le plus près possible de l'appendice, en s'ai-
dant de la sonde cannelée pointue, dans la rainure de laquelle il fait glisser le bistouri, comme s'il s'agissait d'inciser
le sac d'une hernie. Une fois la cavité péritonéale ouverte,

on aperçoit le foie, entre les lobes duquel le bas-fond de la vésicule est facile à reconnaître à raison de sa forme et de sa couleur verdâtre. Il s'agit alors d'aller la saisir et de l'amener vers l'extrémité antérieure de la plaie, pour en faire provisoirement la ligature. A cet effet, on se sert des pinces à pansement, ou, ce qui est bien préférable, des pinces à ressort, à l'aide desquelles on l'amène doucement jusqu'à ce qu'on puisse faire glisser un lien au delà des pinces. On donne ces dernières à tenir à un aide intelligent, et, au moyen du fil de soie ciré, on étreint solidement le bas-fond du réservoir, de manière toutefois que la partie comprise dans la ligature n'excède pas six ou huit millimètres de longueur; après quoi, on détache les pinces et l'on fixe les deux extrémités du fil de soie après le châs de l'aiguille à séton. Cette aiguille est ensuite introduite de dedans en dehors, à travers les parois abdominales, vers le milieu de l'espace triangulaire limité en dehors par les fausses côtes droites, et en dedans par l'appendice xiphoïde, c'est-à-dire, à peu près dans le point auquel correspond le bas-fond de la vésicule, quand elle est fortement distendue. Il faut éviter d'établir la perforation plus en avant, parce qu'on risquerait de traverser la cavité thoracique. Une fois l'ouverture pratiquée, on se sert du double fil de soie pour attirer doucement la vésicule à travers, jusqu'à ce que la partie comprise dans la ligature soit au dehors; un aide la maintient dans cette position, tandis que l'opérateur, après avoir perforé la rondelle de caoutchouc avec la même aiguille, fait passer aussi dans l'ouverture la partie de la vésicule amenée au dehors; puis, afin de fixer cette dernière, il finit par introduire au travers, en-dessous de la ligature, une grosse épingle, qui lui sert ainsi de point d'arrêt. Il ne reste plus alors qu'à en détacher avec précaution le fil de soie, et à y pratiquer une petite incision, par laquelle la bile s'écoule aussitôt. Telle est la première partie de l'opération.

La seconde partie consiste à lier le canal cholédoque. Le procédé dont je me sers est fort simple. J'introduis le doigt indicateur dans la cavité abdominale, et, en suivant la face antérieure de l'estomac, jusqu'au pylore, qu'il est facile de reconnaître au toucher, j'arrive de suite au duodénum. Cet intestin, dans les chiens, n'étant pas, comme chez l'homme, recouvert par le colon transverse, on le saisit facilement avec le doigt recourbé en crochet, et on l'attire ainsi au dehors accompagné du pancréas qui lui est plus ou moins adhérent. C'est à quelques centimètres de l'extrémité droite ou stomacale de cette glande qu'il faut chercher le canal cholédoque. Pour ce faire, on renverse l'intestin de manière que son bord convexe soit dirigé vers le côté gauche de l'animal, et alors le canal ne tarde pas à se montrer, à travers le feuillet du mésentère, sous la forme d'un cordon blanchâtre. Lorsque le chien est chargé d'embonpoint, ce canal est tellement recouvert par la graisse qu'on a de la peine à le trouver, et qu'on ne peut souvent parvenir à l'isoler sans léser des vaisseaux sanguins. C'est afin d'éviter ce dernier accident que, dans tous les cas, je ne fais usage d'aucun instrument tranchant pour dégager le canal des parties adjacentes. Je ne me sers à cet effet que d'une sonde cannelée, que j'introduis sous le canal, et avec laquelle j'éraille le tissu cellulaire ; puis, à l'aide de la rainure, je passe les fils de caoutchouc. Bien qu'à la rigueur une seule ligature soit suffisante, j'en place ordinairement deux, la première à dix ou quinze millimètres de l'intestin, et la seconde tout près de ce dernier; puis je coupe le conduit biliaire entre les deux. La seconde ligature a principalement pour but de prévenir une légère hémorrhagie artérielle qui a presque toujours lieu quand on opère la section du canal un peu trop près du duodénum. Lorsqu'on a retranché la partie excédente des fils de caoutchouc, il ne reste plus qu'à faire rentrer, avec le plus de précaution possible, dans l'intérieur de l'abdomen, les parties déplacées, et à procéder à la suture de la plaie faite aux parois de cette cavité.

Immédiatement après l'opération, le chien est plus ou moins triste et abattu; mais, au bout de quelques heures, il paraît déjà en partie remis, et alors il boit ordinairement soit de l'eau, soit même du lait sucré, lorsqu'on lui en présente; mais ce n'est que le lendemain ou le surlendemain qu'il commence à prendre quelques aliments solides. Ceux qu'il préfère sont le pain bien détrempé dans du lait sucré, et la viande crue, particulièrement le foie.

Un fait remarquable que j'ai observé, non-seulement sur les chiens auxquels je suis parvenu à établir des fistules biliaires, mais aussi sur celui qui a survécu trente-deux jours après la simple ligature du canal cholédoque, c'est l'état capricieux de l'appétit, tant pour la quantité que pour la nature des aliments que ces animaux se décident à accepter. Ainsi, par exemple, je les ai vus quelquefois refuser opiniâtrément de la viande cuite ou même crue, que la veille ils mangeaient avec voracité, et manger avidement du pain sec, de la soupe au lait, des légumes, etc., dont, le lendemain, ils ne se souciaient plus, pour revenir à la viande, et vice versâ. Il faut être prévenu de cette particularité, pour ne point laisser périr véritablement d'inanition le sujet qu'on a réussi à opérer, faute de lui présenter la nourriture qui lui convient. En général, ces animaux exigent beaucoup de soins ; on doit observer leurs goûts, leurs habitudes, surveiller l'état de la plaie, l'écoulement de la bile, les empêcher d'avaler ce fluide en se léchant, ce qui paraît leur être fort nuisible ; en un mot, ne pas croire que l'expérience est réussie quand l'opération est heureusement terminée, à l'exemple de tant de vivisecteurs, qui semblent avoir pris pour devise le fameux mot d'Ambroise Paré : Je t'opérai, que Dieu te guarisse.

Nous allons maintenant passer, de ces généralités à la description du cas particulier dans lequel je suis parvenu, pour la première fois, à établir une fistule livrant passage à la totalité de la bile, sur un animal qui aujourd'hui même, c'est-à-dire, trois mois après l'opération, n'en jouit pas moins de la santé la plus parfaite.

L'animal soumis à l'expérience était une petite chienne épagneule bâtardée, de trois ou quatre ans, un peu maigre, mais, du reste, bien portante. L'opération ayant été pratiquée en suivant toutes les précautions indiquées précédemment, aucun incident fâcheux ne survint pendant la première semaine. Comme la bile trouvait une issue libre et facile au dehors, et que, d'autre part, la chienne l'avalait en grande partie en se léchant, aucun symptôme d'ictère ne se manifesta, et les excréments continuèrent à être presque aussi colorés que de coutume.

Au bout de quinze jours, la plaie principale était complétement cicatrisée, et l'épingle qui maintenait la vésicule
au dehors s'était spontanément détachée, après avoir coupé
les parties qui la retenaient. Toutefois, les parois de la
vésicule ayant contracté de solides adhérences, avec les
bords de la petite plaie abdominale, la bile continua à
s'écouler, sans qu'il se fît le moindre épanchement à
l'intérieur.

A cette époque, la chienne était devenue d'une grande maigreur, quoiqu'elle mangeât autant que si elle eût été en santé
parfaite. Ce qui paraissait entretenir cet état de marasme
était un dévoiement considérable, accompagné de gar-
gouillements intestinaux et de coliques violentes, mais pas-
sagères, à en juger du moins par l'attitude de l'animal. Les
matières évacuées étaient beaucoup moins colorées que de
coutume, et il était facile d'y reconnaître des restes d'aliments mal digérés ou même entiers. Présumant que la bile
incessamment ingérée dans l'estomac, où elle ne pénètre
point dans l'état normal, pouvait contribuer pour beaucoup
à entretenir cet état de choses, je pris le parti d'empêcher
l'animal de lécher sa plaie, en lui maintenant nuit et jour
une muselière garnie d'une toile épaisse à sa partie antérieure, de façon qu'il ne pût atteindre avec sa langue ni
la bile qui s'échappait immédiatement de la plaie fistuleuse,
ni celle qui était tombée à terre ; car je dois dire que,
malgré l'amertume de ce produit, il en était devenu tellement
avide qu'il n'en laissait pas tomber une goutte sans la lécher
aussitôt. Ce ne fut pas sans peine que je parvins, par la
suite, à lui ôter cette mauvaise habitude ; mais aujourd'hui
il l'a tellement perdue que je puis le laisser sans muselière,

pendant des jours entiers, sans qu'il songe jamais à se lécher.

A partir du moment où l'animal n'avala plus de bile, les matières fécales se décolorèrent entièrement, autant du moins, qu'elles peuvent le faire en l'absence de la bile, ce que nous examinerons un peu plus loin. De plus, elles acquièrent une consistance plus ferme, sans toutefois aller jusqu'à la constipation. Celle-ci n'eut jamais lieu que quand l'animal avait mangé beaucoup d'os, ainsi qu'il arrive à tous les chiens en pareil cas.

La nutrition générale ne tarda pas à se ressentir de cette amélioration; la maigreur, loin de faire des progrès, diminua peu à peu, quoique très-lentement; de manière qu'aujourd'hui, c'est-à-dire près de trois mois après l'opération, la chienne a presque complétement repris son embonpoint naturel. Quant aux forces, à partir de la seconde semaine, elles étaient déjà en partie revenues; l'animal allait et venait dans la maison, sans que la marche parût le fatiguer. Depuis lors, elles n'ont fait que s'accroître, et, aujourd'hui, ma chienne ne diffère pas, sous ce rapport, de l'animal le mieux portant. Elle est vive, alerte, très-gaie, toujours prête à courir, et paraît si peu malade qu'elle m'accompagne souvent en ville ou à la campagne, sans que personne se doute de son infirmité. Du reste, elle boit et mange comme en santé parfaite; ses urines, quoique généralement un peu foncées, n'ont cependant aucune teinte ictérique, et les excréments, de consistance molle, sont évacués régulièrement une ou deux fois par jour; en un mot, toutes les fonctions paraissent s'exécuter chez elle comme dans l'état normal.

8

Venons-en maintenant à la partie essentielle de la question, c'est-à-dire, à la sortie de la bile au dehors, et à son absence complète du tube gastro-intestinal.

Immédiatement après l'incision de la vésicule, une bile épaisse, filante, et d'un vert foncé, s'écoula en abondance; c'était celle qui s'était accumulée dans ce réservoir pendant l'abstinence à laquelle nous avions soumis le sujet avant l'opération. Le lendemain et les jours suivants, ce fluide continua à couler de la plaie, mais en petite quantité à la fois, et par intermittence. Il était alors d'un jaune sa-frané, demi-transparent et visqueux comme du blanc d'œuf ou de la synovie, caractères qu'il a conservés depuis, à très-peu de variations près dans la couleur et la limpidité; quelquefois, en effet, au lieu d'être d'un beau jaune de succin et transparent, il est opaque et d'un brun clair tirant plus ou moins sur le vert. Il est neutre au papier réactif, ou d'une alcalinité si faible qu'en vérité je n'oserais la donner comme certaine.

Afin de pouvoir le recueillir, et apprécier la quantité qui s'en sécrète en vingt-quatre heures, j'imaginai d'adapter à la plaie une petite canule, à double rebord, semblable à celles dont je me suis servi pour établir des fistules gastriques, avec cette différence, qu'au lieu d'être en argent, elle est en ivoire, substance organique dont les chairs paraissent tolérer plus facilement le contact. Uniquement destinée à livrer passage à un liquide, elle est aussi d'un plus petit calibre. Après avoir convenablement dilaté la plaie avec de l'éponge préparée, il me fut facile de l'introduire, et, au bout de quelques jours, elle était assez solidement fixée pour permettre à l'animal de courir sans danger. Les chairs venant de plus en plus à se resserrer tout autour, ne tardèrent pas à l'environner d'un bourrelet fibreux assez résistant. Toutefois, dès que je viens à obturer l'ouverture de la canule avec un petit bouchon, comme je le pratiquais pour les fistules gastriques, la bile ne tarde pas à s'échapper entre elle et les chairs, au lieu de s'accumuler dans la vésicule. Cela tient, selon toute apparence, à ce que les lobes du foie, entre lesquels ce réservoir se trouve en quelque sorte enclavé, auront contracté entre eux des adhérences qui ne permettent plus à la poche biliaire de se dilater. S'il en est ainsi, peut-être ces adhérences se détruiront-elles spontanément par la suite, et la canule se trouvant de plus en plus étreinte par les chairs à mesure qu'elles se raffermiront, peut-être, dis-je, parviendrai-je à recueillir dans son réservoir naturel la totalité de la bile qui se produit dans un temps voulu, de manière à pouvoir apprécier avec quelque précision l'influence que les changements de nourriture et les différentes vicissitudes dont l'économie animale est susceptible, apportent à la quantité comme à la qualité de ce produit.

Pour le moment, nous nous contenterons des données approximatives que j'ai pu recueillir à la simple inspection. Or, la quantité de bile qui s'écoule, terme moyen, de la fistule pratiquée sur ma chienne, ne s'élève pas au delà de 40 à 50 grammes au plus, dans les vingt-quatre heures ; ce qui est, comme on va voir, bien au-dessous de l'évaluation généralement admise.

Haller rapporte dans sa physiologie (t. VI, p. 605) le résultat de plusieurs expériences directes tentées à ce sujet, sur des chiens, par différents auteurs. Ainsi, P. Teckopius aurait recueilli, sur un chien de taille ordinaire, de 100 à 130 grammes de bile hépatique dans un espace de temps assez court, mais qu'il ne définit pas. De Graaf en a obtenu 28 grammes en huit heures, ce qui donne près de 100 grammes dans les vingt-quatre heures. J. Keil a pu en avoir 8 grammes en deux heures, soit aussi près de 100 grammes dans la journée, sur un gros dogue. Reverbost et F. G. Heurman vont plus loin, et portent de 150 à 200 grammes la quantité de bile qui, d'après leurs expériences, s'échappe quotidiennement du canal cholédoque chez les chiens.

De nos jours, M. Magendie s'est aussi livré à ce genre d'investigation. Selon cet habile physiologiste, quand on ouvre le duodénum sur un chien vivant, on voit s'écouler du canal cholédoque environ deux gouttes de bile par minute. Or, en ne portant qu'à 0 gr., 05 chaque goutte de bile, cela ferait encore à peu près 150 grammes dans les 24 heures.

Parlerons-nous de l'opinion émise par le professeur Schultz qui, partant du principe radicalement faux que l'acidité du chyme est neutralisée par la bile, calcule la quantité de cette dernière, d'après celle du chyme produit, ce qui le conduit à admettre qu'un gros chien sécrète par jour 1150 grammes et un bœuf 1675 grammes de bile ?

D'un autre côté, il est quelques auteurs qui ont porté leur estimation beaucoup trop bas. Tel fut Bianchius, qui n'évalue qu'à une once ou deux, ou autrement dit, de 30 à 60 gr. la totalité de la bile sécrétée chez l'homme en vingt-quatre heures. Nicolas, notre compatriote, professait une opinion semblable. Enfin, Listerus restreint encore cette évaluation, et ne la porte qu'à quelques drachmes.— Le drachme vaut quatre grammes.

Ces dissidences entre les auteurs proviennent en grande partie de ce qu'ils n'ont pas suivi la même méthode d'appréciation. Les vivisecteurs ont généralement porté leur estimation trop haut, parce qu'ils ont supposé que la bile se sécrète dans l'état physiologique comme dans la situation anormale où ils mettent les sujets sur lesquels ils opèrent. Or, il est positif que l'irritation portée directement sur l'orifice du canal cholédoque par son exposition à l'air, doit accélérer la sécrétion de la bile ; de plus, le trouble apporté dans la circulation et dans la respiration par une expérience aussi douloureuse doit contribuer pour beaucoup à rendre ce produit plus abondant ; car, comme nous le démontrerons par la suite, il existe entre le foie et les poumons une intime solidarité; enfin, il est à présumer que, dans toutes ces expériences, une certaine proportion de bile cystique devait se mêler à la bile hépatique que l'on croyait exclusivement recueillir, ce qui fausse tous les calculs.

De telles erreurs ne sont point à craindre avec le procédé que j'ai suivi ; et, je le répète, il démontre que la quantité de bile sécrétée en un jour, par un chien de taille moyenne, n'excède pas 50 grammes, dans l'état normal. Or, si nous supposons, avec Haller, qu'en raison de sa taille, un homme doit en sécréter quatre ou cinq fois autant qu'un chien, cela porterait de 200 à 250 grammes la totalité de la bile qui arrive, en vingt-quatre heures, dans notre tube intestinal ; ce qui s'accorderait assez bien avec les faits pathologiques dans lesquels on a vu la bile se frayer une issue à travers les parois abdominales, consécutivement à l'oblitération du canal cholédoque par un calcul. En effet, Bloch, qui cite quelques cas de ce genre, évalue à plusieurs onces seulement la quantité de bile qui s'écoule en un jour.

Relativement à l'influence de l'alimentation sur la sécrétion biliaire, j'ai verifié le fait déjà connu que la graisse, le sucre, et en général toutes les substances non azotées l'augmentent d'une manière notable. Déjà, lors de mes recherches sur la digestion, j'avais plusieurs fois constaté que l'usage d'une grande quantité de sucre ou de graisse donne lieu à une sécrétion de bile si abondante qu'elle afflue jusque dans l'estomac. Le docteur Beaumont a aussi remarqué ce phénomène, mais seulement après l'usage d'une nourriture très-grasse, sur le sujet affecté de fistule gastrique dont il a donné la description.

La sécrétion biliaire est généralement beaucoup plus copieuse après les repas. Lorsque l'animal est à jeun, il lui arrive quelquefois, mais non toujours, de rester des heures entières sans perdre une goutte de bile ; vient-on à lui donner à manger, ce fluide commence à couler en abondance, au bout de dix minutes ou un quart d'heure, et continue ainsi pendant toute la durée de la digestion.

Une circonstance qui m'a paru avoir sur cette sécrétion une influence très-prononcée, c'est l'état de maladie. Lorsque, dans les premiers temps qui ont suivi l'opération, il arrivait à ma chienne d'être triste, souffrante, affectée de coliques et sans appétit, la bile s'écoulait par la fistule en plus grande quantité, et elle offrait en même temps une teinte plus brune. Ce fait de l'abondance de la bile dans la plupart des maladies a déjà été signalée par Haller (Loc.

cit., t. IV, p. 606); et il peut devenir d'un haut intérêt pour la thérapeutique.

Enfin, les efforts pour rendre les excréments, et surtout pour vomir augmentent momentanément la sécrétion effectuée par le foie. C'est ce que j'ai eu occasion de constater sur ma chienne, un jour qu'ayant une indigestion pour avoir trop mangé d'os, elle vomit à cinq ou six reprises ; à chaque effort, la bile sortait comme par ondée de l'ouverture fistuleuse, tandis que les matières vomies étaient tout à fait blanches.

Ceci me rappelle une question que nous ne devons pas passer sous silence, car elle se rattache directement à notre sujet ; et c'est précisément pour la résoudre que j'avais donné à ma chienne une grande quantité d'os, dont elle a fini par vomir une partie.

On sait que, quand les chiens ont mangé beaucoup d'os, leurs excréments, presque exclusivement formés de phosphate calcaire, sont plus ou moins blancs, et ne renferment que des traces de matières provenant de la bile. Cela tiendrait-il à ce que la partie organique des os fournit en réalité moins de bile que les autres matières azotées, et doit-on attribuer la constipation qui se manifeste dans ce cas à l'absence de la bile dans le tube digestif? Pour résoudre ce problème, j'ai donné à ma chienne pendant plusieurs jours, une grande quantité d'os, qu'elle mangeait avec une certaine avidité; or, je n'ai pas remarqué, dans ce cas, la moindre diminution dans la quantité de la bile qui s'échappait ordinairement de la fistule ; d'où il suit qu'il faut chercher ailleurs l'explication de ce phénomène assez singulier, dont personne jusqu'ici n'a, je crois, rendu un compte satisfaisant. Voici, à n'en pas douter, comment les choses se passent.

Dans mon Traité de la digestion, j'ai fait voir que la partie organique des os est seule absorbée dans les intestins, tandis que leur élément terreux reste sous forme pulvérulente. Or, c'est un fait bien connu que le phosphate calcaire des os exerce sur les organes mucipares du tube digestif une espèce de constriction, qui les empêche de déverser leur fluide lubréfiant; c'est même, comme l'on sait, à ce principe, inerte en apparence, que la décoction blanche de Sydenham est redevable de son efficacité incontestable contre les dévoiements colliquatifs. Cela est tellement vrai que, quand ma chienne avait la diarrhée, dans les premières semaines après l'opération, il suffisait de lui donner quelques os pour l'arrêter presque immédiatement. Or, comme toutes les causes qui provoquent les flux muqueux provoquent aussi simultanément des évacuations biliaires plus ou moins abondantes, par contre, toutes celles qui répriment les mêmes sécrétions muqueuses doivent exercer une action semblable sur les organes hépatiques; de sorte que, dans ce cas, la bile sécrétée comme de coutume, s'accumule dans son réservoir, jusqu'à ce que celui-ci soit arrivé à l'état de plénitude; car alors, elle finit par s'écouler et par se mélanger aux matières contenues dans l'intestin; ce dont je me suis assuré en donnant des os à un chien bien portant, pendant plusieurs jours consécutifs: les matières, peu colorées d'abord, finirent par devenir d'un vert brunâtre, comme si l'animal avait été soumis à son régime habituel.

Revenons au sujet principal de nos recherches, à la

chienne sur laquelle est établie la fistule biliaire. Il est évident que, si aucune parcelle de bile ne parvient dans les intestins, ses excréments doivent être décolorés ; c'est en effet ce qui a lieu ; et ils ressemblent sous ce rapport à ceux des malades affectés de l'ictère le plus complet. Toutefois, je ferai observer qu'ils conservent la nuance des aliments dont le résidu contribue à les constituer. Ainsi, parfaitement blancs quand l'animal a été nourri de laitage, de pain ou de viandes blanches, ils présentent une teinte légèrement cendrée, quand il a mangé de la viande cuite, et un peu rougeâtre, quand il a fait usage de viande crue.

Il est encore un autre particularité que je dois faire connaître relativement à la couleur des matières fécales ; c'est que, lors même qu'elles sont blanches à l'intérieur, il leur arrive quelquefois d'être recouvertes à l'extérieur d'un léger enduit coloré, soit en jaune, en brun et même en noir. Comme cela n'a jamais lieu que quand les matières sont d'une certaine consistance et comme moulées, ce qui dénote qu'elles ont fait un long séjour dans le gros intestin, il faut en conclure que cet organe sécrète un mucus plus ou moins coloré, qui contribue, avec la matière colorante de la bile, et avec celle qui est propre aux différents aliments, à donner aux fèces la couleur plus ou moins foncée qu'elles présentent dans l'état normal. Du reste, je le répète, cette matière, en quelque sorte tinctoriale, est tout à fait superficielle et fort peu stable, car il suffit d'arroser les excréments avec un peu d'eau pour l'enlever à l'instant.

Ce n'est pas seulement sur ma chienne affectée de fistule que j'ai été à même de faire ces remarques ; tous les chiens sur lesquels j'ai simplement lié le canal cholédoque, et qui ont survécu quelques jours après avoir mangé, notamment celui que j'ai pu conserver 52 jours, tous ces animaux, dis-je, m'ont offert des phénomènes semblables; or, l'autopsie m'a démontré que, chez eux, le canal cholédoque étant parfaitement oblitéré, aucune goutte de bile n'était parvenue dans l'intestin.

Au surplus, je ne me suis pas contenté de la simple inspection pour m'assurer que les excréments de ma chienne sont complétement exempts de bile; j'ai eu recours à l'analyse pour y rechercher la présence de la matière résinoïde, qui constitue, comme l'on sait, l'élément essentiel et caractéristique de ce produit.

Tous les chimistes ont constaté qu'il suffit de traiter les excréments des différents animaux, soit herbivores, soit carnassiers, à l'état normal, par une suffisante quantité d'alcool bouillant, après les avoir convenablement desséchés, pour en extraire une matière verdâtre ou brunâtre, d'apparence résineuse, se ramollissant au feu, insoluble dans l'éther rectifié, déliquescente, en un mot, offrant tous les caractères que nous décrirons plus loin comme appartenant au principe résinoïde de la bile. — Voyez, à cet égard, dans mon Traité de la digestion (p. 150 et suivantes), le résumé des analyses effectuées sur les excréments par différents auteurs.

J'ai moi-même répété cette expérience bien simple, un grand nombre de fois, sur les excréments de chiens en santé, et toujours j'ai pu en extraire ce principe caractéristique. Or, ayant traité de même par l'alcool, avec toutes les précautions désirables, et à plusieurs reprises, les excréments de ma chienne, jamais je n'ai pu en obtenir la moindre trace de matière résinoïde. L'alcool s'est borné à enlever une quantité insignifiante de matière grasse, et d'une substance extractive, insipide, et insoluble dans l'eau.

Il reste donc bien démontré qu'aucune parcelle de bile ne pénètre dans le tube digestif de ma chienne, car on ne saurait supposer ici que la continuité du canal cholédoque ait pu se rétablir, comme cela est arrivé quelquefois après la simple ligature de ce conduit. En effet, par suite de la traction exercée sur la vésicule pour l'attirer au dehors, le canal cholédoque lui-même se trouve distendu et aminci à tel point qu'il devient plus difficile à distinguer, lorsqu'on en fait la recherche, dans la seconde partie de l'opération ; aussi, lorsqu'on vient à le couper, les deux bouts s'éloignent-ils l'un de l'autre de plusieurs centimètres. D'un autre côté, le canal ayant été préalablement dénudé, toute la partie qui excède les ligatures doit nécessairement tomber en gangrène, et de là une perte de substance assez considérable. Or, pour que cette lacune se trouve en quelque sorte comblée, il faudrait que l'extrémité du canal qui communique avec le foie vînt à s'allonger beaucoup pour atteindre l'intestin ; mais cet allongement ne saurait avoir lieu qu'autant que la bile, ne trouvant pas d'issue, finit par distendre en tout sens la vésicule et ses conduits, ce qui ne peut se faire ici, puisque ce fluide trouve, dès le principe, un écoulement facile par la plaie extérieure.

Il est évident aussi que, dès le moment où la bile pourrait s'épancher dans l'intestin, l'ouverture anormale ne tarderait pas à s'oblitérer, ainsi que cela a eu lieu dans les expériences du docteur Schwann. D'ailleurs, si la communication s'était rétablie avec le duodénum, ce ne serait point lors du passage des aliments dans cet intestin que la bile sortirait en plus grande abondance par la plaie faite à la vésicule ; ce serait au contraire pendant l'abstinence que ce fluide prendrait la voie qui le conduit à son diverticule et par conséquent à la plaie.

Quoique ces différents ordres de faits parussent suffisants pour mettre hors de doute le fait en question, je voulus en avoir une preuve plus directe encore, par l'inspection cadavérique. En conséquence, j'opérai de nouveau un chien, qui, soit pendant l'opération, soit après, me présenta absolument les mêmes phénomènes que le précédent ; aussi me dispenserai-je de les décrire. Au bout de quarante jours, alors qu'il s'était rétabli, sauf un peu de maigreur, je le sacrifiai. — A l'autopsie, je trouvai tous les organes abdominaux à l'état sain. Le canal cholédoque avait complétement disparu ; le cystique se continuait directement avec l'hépatique, d'une part, et de l'autre avec la vésicule, réduite elle-même à un simple conduit, et pressée entre les lobes du foie ; de sorte que de tout cela ne résultait qu'un seul et même canal communiquant directement de l'organe sécréteur à la plaie abdominale. Au surplus, les intestins, un peu revenus sur eux-mêmes, contenaient encore quelques restes d'aliments incolores, et desquels l'alcool ne put extraire aucune parcelle de résinoïde biliaire.

Ainsi, depuis les circonstances les plus simples et les plus indifférentes en apparence, jusqu'aux preuves les plus directes et les plus péremptoires, tout est d'accord pour démontrer d'une manière incontestable que, sur la chienne, qui a été opérée la première, il y a maintenant trois mois, aucune communication n'existe plus entre le foie et le tube gastro-intestinal; et pourtant, cet animal digère à merveille, et se trouve, sous tous les rapports, dans l'état de santé le plus satisfaisant.

Or, en présence de ce grand fait, que deviennent les hypothèses diverses que nous avons en quelque sorte évoquées, au commencement de ce chapitre, comme pour les faire comparaître ici au jugement dernier? Evidemment, toutes celles qui font jouer à la bile un rôle essentiel dans la digestion tombent d'elles-mêmes, et ne sont plus propres désormais qu'à figurer dans les archives de la science; nous n'avons que faire de nous en occuper. Quant à celles d'après lesquelles la bile n'a à remplir que des attributions secondaires dans le travail digestif, nous allons les voir s'anéantir, comme les précédentes, sous l'épreuve de l'appareil vivant qui est entre nos mains.

Parmi ces théories, une des mieux accréditées consiste à regarder la bile comme le dissolvant spécial de la graisse. Or, après avoir nourri ma chienne, pendant plusieurs jours consécutifs, d'aliments très-gras, que je lui donnais en abondance, je ne parvins à extraire de ses excréments, au moyen de l'alcool éthéré, que des quantités insignifiantes de matières grasses, preuve évidente que, nonobstant l'absence de la bile, ces matières avaient été absorbées comme dans l'état normal. Il est probable, d'après cela, qu'elles s'émulsionnent dans l'estomac et les intestins par l'intermédiaire des substances à l'état d'extrême division qui constituent la pâte chymeuse. En effet, si, comme je l'ai indiqué dans mon Traité de la digestion, on mélange de la graisse ou de l'huile avec du chyme artificiel, à une température de 40 degrés, on voit ces substances s'émulsionner par l'agitation, et former à la surface une couche crémeuse.

D'après une autre théorie fort ancienne, et aussi généralement admise, la bile serait l'agent le plus actif de la neutralisation que le chyme éprouve en parcourant les intestins, neutralisation que certains auteurs considèrent comme d'une grande importance, et qui aurait pour effet la précipitation du chyle ou de ses éléments. Or, cette doctrine, dont j'avais déjà fait voir ailleurs le peu de fondement, devient aujourd'hui tout à fait inadmissible, puisque, immédiatement après sa sécrétion, la bile est si peu alcaline qu'elle affecte à peine les papiers réactifs les plus sensibles.

Le sucre, ou toute autre matière soluble non azotée, est-il susceptible d'être évacué par les voies biliaires, pour être ensuite absorbé de nouveau dans l'intestin, à mesure que les organes respiratoires réclament de nouveaux éléments combustibles, comme l'avaient imaginé MM. Sandras et Bouchardat? Non, assurément; car je n'ai jamais pu découvrir dans la bile la moindre trace de sucre, lors même que les aliments en renfermaient une forte proportion.

L'hypothèse de M. Liebig, qui prétend que les principaux éléments de la bile sont résorbés dans le tube digestif, pour devenir aliments respiratoires, n'est pas plus soutenable; car elle repose, d'une part, sur la faible proportion de principes biliaires que l'on rencontre dans les excréments, eu égard à la quantité de ce produit que l'on supposait arriver dans le tube digestif, et, d'autre part, sur l'absence de soude libre dans les fèces, tandis qu'il devait, disait-on, s'en trouver en abondance dans la bile. Mais le premier de ces arguments tombe de lui-même devant les faits que nous avons constatés, surtout lorsqu'on réfléchit que le peu de bile qui se sécrète quotidiennement n'a pas, à beaucoup près, le degré de concentration que l'on observe dans celle qui a séjourné dans son réservoir, la seule que l'on ait étudiée jusqu'ici. Quant au second fait, nous verrons, dans le chapitre suivant, qu'il ne repose que sur une supposition tout à fait gratuite, et que la bile n'est pas plus riche en alcali que le mucus ou tout autre produit analogue.

La bile contribue-t-elle à donner aux matières fécales leur odeur caractéristique, ou bien, au contraire, empêche-t-elle cette odeur d'être plus désagréable encore, en mettant obstacle à la fermentation putride qui pourrait s'y développer ; car on a alternativement soutenu ces deux hypothèses contradictoires ? Or, l'une et l'autre sont également dénuées de fondement, car les matières rendues par ma chienne n'ont ni plus ni moins d'odeur que celles de tout autre chien en parfaite santé.

Enfin, la bile est-elle destinée, comme on l'admet généralement, à exercer sur les intestins une sorte de stimulation qui les mette à même de se débarrasser du superflu de la digestion ? On a été autrefois, à cet égard, jusqu'à la regarder comme une substance analogue aux ingrédients plus ou moins actifs qui entrent dans la composition de nos évacuants artificiels, *vix ad instar naturalis clysteris propria acrimonia, et mordicacitate irritans intestina*, dit Morgagni, dans sa première Lettre sur l'histoire des découvertes de l'anatomie, p. 173. Aussi crut-on devoir intervertir l'ordre des mots d'un axiome qui avait eu pendant longtemps un grand écho dans les écoles, et dut-on cesser d'appeler la veine-porte *porta malorum*. Certes, disait-on, si la bile remplit l'office de clystère naturel, la veine-porte nous guérit de bien des maux, qu'engendreraient à coup sur l'inertie et la paresse des intestins; *itaque vena porta, porta salutis dici meretur.* (Juncker, consp. physiol.)

Au fond de tout cela, qu'y a-t-il? Rien, qu'un puérile jeu de mots; car d'abord la bile n'est pas, au moins dans l'état normal, cette humeur acrimonieuse sur laquelle on a débité tant de contes imaginaires. Lorsque ce fluide est en contact soit avec la peau, soit même avec des chairs vives, il n'y détermine aucune irritation appréciable, contrairement à ce qui a lieu pour d'autres produits de sécrétion, comme l'urine, par exemple, et surtout comme le suc gastrique. Ainsi, j'ai constaté, dans mes expériences sur la digestion, que quand ce dernier fluide vient à séjourner sur la peau, en suintant entre la plaie et la canule, il ne tarde pas y produire de larges et profondes excavations, qui entraîneraient la perte de l'animal, si l'on n'y remédiait au plus vite. Dans ma nouvelle expérience, au contraire, la bile coule continuellement sur la peau de l'abdomen, qui est, comme l'on sait, fort délicate, sans y occasionner la moindre excoriation, la moindre rougeur. D'un autre côté, lors même que la bile aurait une âcreté plus ou moins grande, les intestins finiraient probablement par s'y accoutumer, comme l'estomac s'accoutume aux épices les plus énergiques. Au surplus, pourquoi nous arrêter à de simples inductions, quand les faits directs sont là pour trancher toute difficulté. Or, nous avons déjà vu que ma chienne, après son opération, loin d'être constipée, comme cela devrait être d'après l'opinion des auteurs, eut au contraire à soutenir un dévoiement colliquatif, qui menaçait de l'épuiser entièrement, si je n'y eusse porté remède. Depuis lors, les évacuations alvines ont repris leur cours naturel sous le rapport de la régularité, comme sous celui de la consistance.

Loin d'accorder à la bile la propriété de stimuler les intestins, je serais beaucoup plus disposé à admettre, au contraire, que cette humeur, en raison de sa viscosité, remplit à leur égard l'office de lubréfaction que la synovie exerce à l'égard des surfaces articulaires, en favorisant la progression des substances alimentaires conjointement avec le suc pancréatique et les mucosités intestinales; de sorte que ces produits excrémentitiels, qui ont entre eux plus d'une analogie, avant d'être définitivement expulsés de l'organisme, lui rendraient encore un dernier service, en recouvrant sa surface d'un enduit protecteur : ce qui expliquerait pourquoi la bile et le suc pancréatique sont constamment versés, chez toutes les espèces zoologiques, immédiatement au-dessous de l'estomac, de manière à émousser, en quelque sorte, l'action trop irritante que produirait le contact du chyme encore imprégné de suc gastrique.

CHAPITRE III.

Pour faciliter l'étude des fonctions, fort complexes, exécutées par le foie, nous les diviserons en deux espèces :
par les unes, en effet, cet organe débarrasse l'économie des
matières inutiles ou nuisibles, tandis que, en vertu des autres, il métamorphose en matières identiques à celle des
tissus ou des fluides animaux les substances alimentaires
dont la composition s'en écarte le plus ; nous désignerons
les premières sous le nom de *fonctions éliminatrices*, les
secondes sous celui de *fonctions assimilatrices* ; et, quoique
elles soient étroitement liées entre elles, à certains égards,
nous traiterons de chacune dans une section à part.

PREMIÈRE SECTION.

FONCTIONS ÉLIMINATRICES EXÉCUTÉES PAR LE FOIE. — COMPOSITION
CHIMIQUE DE LA BILE, ET ORIGINE PROBABLE DE SES DIFFÉRENTS
ÉLÉMENTS.

Nous avons vu précédemment que ce fut la chimie qui,
dans le principe, contribua le plus à entraîner la physiologie dans de fausses doctrines relativement à la prétendue

intervention de la bile dans la digestion; aussi ne doit-on pas s'étonner qu'elle ait mis tout en œuvre pour légitimer les hypothèses qu'elle avait en quelque sorte suscitées. C'est sans doute pour ce motif que la bile est, de tous les fluides animaux, celui qui a été soumis aux analyses les plus nombreuses; et pourtant, il n'en est peut-être pas un seul sur la composition duquel on soit encore moins d'accord. La raison en est que la plupart des travaux entrepris pour décéler la nature de ce produit l'ont été en vue d'un principe essentiellement erroné. En effet, presque tous les chimistes qui ont analysé la bile semblent préoccupés du désir d'y rencontrer des éléments capables d'exercer sur les matières alimentaires des réactions plus ou moins importantes. Or, comme les résultats étaient loin de répondre à cette opinion préconçue, chacun d'eux a cru devoir suivre, dans ses recherches, une méthode différente de celles qui avaient été adoptées par ses prédécesseurs, dans l'espoir d'être plus heureux; de là des divergences et des contradictions telles que, entre tous ces travaux, dont la plupart sont dus à des savants d'un grand mérite, il n'est aucun principe général et commun, auquel on puisse se rattacher pour arriver à une définition de ce produit.

Pour nous, du point de vue où nous venons de nous placer, nous devons envisager la bile comme une matière inerte qui, loin d'être en état de communiquer aux substances nouvelles, prêtes à s'incorporer dans l'organisme, quelques tendances à l'assimilation, n'est au contraire qu'une espèce de caput mortuum, dont l'économie tend à se débarrasser, ou, autrement dit, comme un véritable détritus, qui n'a avec les phénomènes digestifs qu'un simple

rapport de coïncidence. Mais, s'il en est ainsi, les difficultés ne sont, pour ainsi dire, que déplacées, et un nouveau
problème se présente à résoudre ; c'est de rechercher quelle
peut être l'origine des différents éléments de ce produit
complexe, quelles sont les circonstances qui favorisent leur
formation, comment et en vertu de quelles lois s'établit la
solidarité incontestable qui existe entre l'appareil hépatique et les autres systèmes organiques chargés, comme lui,
d'éliminer les matériaux désormais inutiles à l'organisme.
Or, telles sont les considérations nouvelles qui doivent nous
diriger dans l'examen de la bile, si nous voulons donner à
nos recherches un sens physiologique. Certes, je suis loin
de me dissimuler les difficultés d'une semblable entreprise,
pour laquelle il n'existe, pour ainsi dire, dans la science
aucun précédent qui puisse me servir de guide ; aussi,
n'ai-je point la prétention d'être arrivé, de prime abord,
pour tous les principes que je pose, à une démonstration
rigoureuse et capable de supporter l'examen des détails ;
mais je n'en suis pas moins convaincu que les vues d'ensemble que j'aurai occasion de développer sont déjà assez
nettement tracées pour fournir d'utiles applications.

Pour faciliter au lecteur peu au courant des connaissan-
ces chimiques l'intelligence des faits qui serviront de base
à notre doctrine, nous croyons utile d'exposer d'abord
sommairement comment on envisage aujourd'hui la composition élémentaire des différents principes simples ou composés qui constituent l'organisme animal, et dont le détritus
concourt à la confection de la bile.

A l'exception de la graisse, toutes les matières animales sont formées d'oxigène, d'hydrogène, de carbone et d'azote. Ces quatre éléments simples, en se groupant dans de certains rapports, constituent trois principes immédiats, savoir: la fibrine, l'albumine et la caséine qui, chose remarquable, renferment toutes trois les mêmes proportions des quatre éléments ci-dessus énoncés, et ne sont redevables des légères différences qui les distinguent l'une de l'autre qu'à des traces presque insaisissables de soufre ou de phosphore. En conséquence, on est convenu de désigner sous le nom générique de protéine la matière organique commune à ces trois principes, abstraction faite du soufre ou du phosphore qui les différentient. Or, un grand nombre d'analyses faites avec soin démontrent que la protéine est constamment formée de 48 atomes de carbone, de 72 d'hydrogène, de 12 d'azote, et de 14 d'oxigène : Formule, $C_{48} H^{72} Az^{12} O^{14}$.

En soumettant de même à l'analyse élémentaire les différents tissus ou produits qui font partie de l'organisme animal, on a trouvé que leur composition se rapproche beaucoup des trois principes précédents, et qu'on peut les considérer comme de la protéine ayant fixé de l'oxigène, ou les éléments de l'eau, et quelquefois aussi ceux de l'ammoniaque. On comprendra facilement cette nouvelle manière de les envisager à l'inspection du tableau ci-contre, que j'emprunte à la Chimie organique appliquée à la physiologie animale, de M. Liebig, p. 134.

La formule de la protéine C^{48} H^{72} Az^{12} O^{14} étant placée égale à Pr., on a :

	Protéine.	Ammoniaque.	Eau.	Oxigène.
Fibrine..........$\Big\}$ = Pr.				
Albumine........				
Caséine				
Tunique des artères = Pr.	$+$	Az^2H^6		$+$ O
Chondrine .... = Pr.			$+$ $4H^2O$	$+$ $2O$
Poils, corne, etc... = Pr.			$+$ $2H^2O$	
Membranes, cellules = Pr.	$+$	$3Az^2H^6$	$+$ H^2O	$+$ $7O$

Il est évident, d'après cela, que la protéine est en quelque sorte le radical hypothétique de ces différentes matières, qui peuvent ainsi se convertir l'une dans l'autre, moyennant l'addition ou la soustraction de l'oxigène, de l'eau, ou de l'ammoniaque, c'est-à-dire, d'une substance simple ou binaire, avec laquelle elles se trouvent constamment en présence dans l'organisme animal.

Muni de ces données, nous pouvons actuellement aborder la question de la bile, et rechercher quelle peut être l'origine des différents éléments de ce produit excrémentitiel, à mesure que nous en constaterons les caractères.

Immédiatement après sa sécrétion, la bile est un liquide d'un jaune verdâtre ou brunâtre, d'une odeur fade peu prononcée, d'une saveur amère, d'une consistance sirupeuse, filant comme du blanc d'œuf ou de la synovie, miscible à l'eau en toute proportion, et susceptible de mousser comme un savon quand on l'agite à l'air. Abandonnée à elle-même, elle se putréfie très-facilement, devint ammoniacale, et répand **une** odeur particulière, qui rappelle celle du musc. Dans l'état frais, elle est neutre, ou très-légèrement alcaline, comme en général tous les fluides muqueux ; mais, pas plus que ces derniers, elle ne fait jamais effervescence avec les acides. La chaleur ni l'électricité n'y déterminent aucune coagulation.

Indépendamment de l'eau et des sels inorganiques qu'elle tient en dissolution, la bile est composée de quatre principes immédiats, savoir : 1° *du mucus;* 2° *de la matière résinoïde ;* 3° *de la matière colorante ;* 4° *de la cholestérine.* Nous allons passer en revue chacun de ces éléments divers.

Le *mucus* se trouve dans la bile en proportion considérable, car c'est à ce principe qu'elle doit sa consistance comme oléagineuse, et sa viscosité. Quelques auteurs ont avancé que ce fluide contient de l'albumine ; mais c'est une erreur des plus faciles à constater, puisque la bile ne se coagule ni par la chaleur ni par l'électricité. M. Berzélius a aussi prétendu que le mucus de la bile est d'une nature particulière ; mais les différences qu'il y a signalées sont légères, et paraissent provenir de ce qu'il est impossible d'isoler ce principe des autres éléments auxquels il est associé sans modifier ses caractères chimiques. C'est également à tort que ce célèbre chimiste considère le mucus biliaire comme ayant une origine toute différente de celle des autres matières qui font partie essentielle de ce produit. Pour ce savant, le mucus biliaire provient des canaux de transport et particulièrement de la vésicule, attendu qu'en raclant la face interne de ce réservoir, on en obtient une substance muqueuse semblable à celle qu'on retire de la bile par l'analyse. La faiblesse d'un pareil argument saute aux yeux; et d'ailleurs, ainsi que je l'ai fait voir dans mon Traité de la digestion (p. 148), chez la plupart des animaux, la vésicule biliaire est revêtue intérieurement d'un tissu lisse et glabre qui, bien qu'appartenant à l'ordre des muqueuses, est cependant incapable de fournir, au moins dans l'état normal, une quantité appréciable de mucus. Au surplus, à quoi servirait d'insister sur ce point, quand nous avons sous les yeux une preuve directe et péremptoire que le mucus de la bile est sécrété, comme ses autres éléments, par le parenchyme même du foie? En effet, chez les chiens affectés de fistule biliaire, nous avons vu la bile s'écouler à mesure de sa formation, c'est-à-dire, sans faire aucun séjour dans la vésicule, transformée en un simple conduit excréteur; or, je me suis assuré que, dans ce cas, elle renferme autant de mucus, proportionnellement à son état de concentration, que lorsqu'elle a séjourné dans son réservoir.

On peut extraire la matière muqueuse de la bile en faisant évaporer ce produit, et en traitant le résidu par l'alcool, qui enlève la substance résinoïde et la cholestérine, avec une partie des sels et de la matière colorante; le mucus reste alors sous forme de pellicules minces, semblables à celles que laissent la salive et les autres fluides de même nature après leur dessication.

Un autre procédé consiste à verser dans la bile une petite quantité d'acide acétique, qui précipite immédiatement la majeure partie de la matière muqueuse. Mais le moyen le plus simple, sans contredit, est de verser la bile dans une suffisante quantité d'alcool; on voit alors le mucus se prendre en flocons plus ou moins grands, qui gagnent peu à peu le fond du vase, et quelquefois en longs filaments, qui nagent à la surface du liquide.

Je ne sache pas que le mucus de la bile, ou tout autre, ait encore été, jusqu'ici, soumis à l'analyse quantitative; mais l'on sait que, sous le rapport de sa composition intime comme sous celui de ses usages physiologiques, il offre la plus grande analogie avec les différentes productions épidermiques, tels que les poils, les ongles, la corne, etc, dont la formule empirique est $C^{48} H^{76} Az^{12} O^{16}$. Or, en admettant, ce qui est probable, que la composition du mucus desséché puisse être exprimée approximativement par la même formule, il en résulterait que cette substance, dont l'économie se débarrasse, est cependant encore très-riche en éléments combustibles, puisque, en supposant que tout l'oxigène qu'elle renferme soit combiné à la proportion d'hydrogène qui serait nécessaire pour sa conversion en eau; et en faisant abstraction de l'azote, il resterait encore 44 atomes d'hydrogène et 48 de carbone, ainsi qu'il appert d'après l'équation suivante :

$$\underset{\text{Matière muqueuse.}}{C^{48} H^{76} Az^{12} O^{16}} = \underset{\text{Eau.}}{16\, H^2 O} + \underset{\text{Carbone.}}{C^{48}} + \underset{\text{Hydrogène.}}{H^{44}} + \underset{\text{Azote.}}{Az^{12}}.$$

Or, ce carbone et cet hydrogène excédants se seraient convertis en acide carbonique et en eau, à l'aide d'un surcroît d'oxigène, si l'organisme, au lieu de produire de la matière muqueuse, en avait complétement brûlé les éléments. Du reste, il est évident que la matière muqueuse n'est que de la protéine ayant fixé deux atomes d'eau, car

$$\underset{\text{Matière muqueuse.}}{C^{48} H^{76} Az^{12} O^{16}} = \underset{\text{Protéine.}}{C^{48} H^{72} Az^{12} O^{14}} + \underset{\text{Eau.}}{2\, H^2 O}.$$

11

Le principe *résinoïde* est l'élément spécial et caractéristique de la bile ; aussi se retrouve-t-il, sous différentes dénominations, dans toutes les analyses de ce produit, et jusque dans celles où l'on ne saurait contester qu'il ait subi un certain degré de décomposition. Comme il présente quelques modifications selon la manière dont il a été obtenu, je vais indiquer d'abord la méthode fort simple que j'ai mise en usage pour l'isoler.

Je commence par étendre la bile d'environ deux à trois fois son poids d'eau distillée ; puis je la fais bouillir avec une suffisante quantité de noir animal, préalablement lavé à l'acide chlorhydrique ; je filtre ensuite la liqueur encore chaude, et je fais évaporer au bain-marie jusqu'à parfaite siccité, ayant soin de crever de temps à autre l'espèce de croûte qui se forme à la surface, et qui met obstacle au dégagement de l'eau ; le résidu est la matière résinoïde à l'état de pureté.

Ce procédé est d'une exécution extrêmement facile, et il offre sur ceux qui ont été employés jusqu'à ce jour le grand avantage de ne mettre en jeu que des réactions incapables d'exercer sur la matière biliaire aucune action décomposante. Le charbon et une température de 100 degrés, voilà en effet les seuls agents dont il nécessite l'intervention, et il en est certainement peu d'aussi inoffensifs.

Il est du reste évident que, dans cette opération, le noir animal s'est emparé, non-seulement de la matière colorante, mais aussi du principe muqueux ; de sorte que la liqueur qui passe à travers le filtre a complétement perdu sa viscosité, et ne conserve plus qu'une légère teinte jaunâtre, qu'il est impossible de lui enlever complétement.

La matière résinoïde qui reste après l'évaporation, présente les caractères suivants : elle est jaunâtre et demi-transparente comme du succin ; complétement desséchée, elle devient dure et fragile ; mais, lorsqu'elle renferme encore de l'eau, elle est visqueuse, et peut être tirée en longs fils ; puis, à mesure qu'elle se dessèche, elle devient molle et se laisse pétrir entre les doigts comme de la cire ; on peut alors la réduire en feuilles minces et demi-transparentes, semblables à des lames de corne. Elle a une odeur d'ambre plus ou moins prononcée, et une saveur très-amère qui la caractérise.

Chauffée, elle se ramollit, et entre en fusion au-dessous de 100 degrés ; chauffée plus fortement, au contact de l'air, sur une lame de platine, elle se boursoufle, se décompose en dégageant l'odeur de la corne grillée, et brûle avec une flamme fuligineuse, laissant un charbon difficile à incinérer, et dont la cendre, peu abondante, ne renferme que des traces insignifiantes d'alcali. Soumise à la distillation sèche, à l'abri du contact de l'air, elle fournit, entre autres produits, du carbonate d'ammoniaque.

Elle est soluble dans l'eau complétement, en toutes proportions, et à toutes les températures. La dissolution est neutre ou très-légèrement alcaline ; abandonnée à elle-même au contact de l'air, elle ne tarde pas à se troubler, devient d'un blanc opalin, puis d'un jaune verdâtre de plus en plus foncé ; alors elle exhale une odeur infecte de putréfaction, et ramène énergiquement au bleu le papier rougi de tournesol.

La dissolution aqueuse de résinoïde donne un précipité blanc plus ou moins abondant par la plupart des acides organiques et inorganiques ; l'acide sulfurique surtout produit cet effet avec une grande énergie, tandis que les autres acides ont besoin d'être employés dans un certain excès pour effectuer cette précipitation : par exemple, si l'on verse quelques gouttes d'acide azotique ou chlorhydrique dans le solutum de ce principe résinoïde, à l'instant même, il se produit un précipité, qui se redissout par la moindre agitation, quoique la liqueur ait acquis un degré d'acidité très-prononcé ; toutefois, l'addition d'une nouvelle quantité d'acide rend le précipité plus abondant, et l'empêche de se redissoudre. Dans tous les cas, le précipité peut être complétement redissout à l'aide des alcalis employés en quantité suffisante pour neutraliser l'acide.

Malgré sa grande solubilité dans l'eau pure, la matière qui nous occupe ne peut se dissoudre dans ce liquide auquel on a ajouté une faible proportion d'acide sulfurique ; seulement il y devient opaque, et s'y ramollit au point de s'étaler au fond du vase comme du phosphore fondu sous l'eau. Si l'acide était très-concentré, la matière biliaire serait dissoute complétement, même à froid, mais après avoir subi une décomposition fort remarquable, par suite de laquelle elle passe successivement au jaune paille, à l'orangé, au rouge, au violet, puis enfin au noir.

La dissolution aqueuse de ce principe n'est précipitée par aucun alcali, ni par aucun sel neutre à base alcaline. Elle n'est point troublée non plus par le deuto-chlorure de mercure, ni par la teinture de noix de galle. Au contraire, la plupart des autres sels y déterminent un précipité plus ou moins abondant de matière blanche, d'apparence caséeuse ou résiniforme, sans éprouver eux-mêmes aucune décomposition; tels sont, notamment, le sulfate d'alumine, le sulfate de zinc, le sulfate de fer, le sulfate de cuivre, le chlorure d'étain, l'acétate de plomb neutre et basique, l'azotate d'argent, celui de mercure, etc. Non-seulement tous ces sels précipitent la matière biliaire de sa dissolution ; mais, de même que les acides, ils l'empêchent de se dissoudre dans l'eau, par leur seule présence, et sans éprouver eux-mêmes aucune décomposition. Par exemple, si, dans une dissolution suffisamment concentrée de sulfate de zinc, on introduit une certaine quantité de cette matière, elle ne s'y dissout en aucune façon, à tel point que le liquide n'acquiert même pas la saveur amère que la moindre quantité de ce principe communique si facilement à l'eau ; cependant il s'y ramollit, mais sans devenir opaque, et vient s'étaler à la surface comme de la cire fondue. Dans cet état, la matière résinoïde n'a subi aucune altération, et peut être dissoute dans l'eau pure comme précédemment. Tous les sels que nous avons cités ne possèdent cependant pas au même degré la propriété de précipiter cette matière de sa dissolution aqueuse, de sorte que, lorsqu'un de ces sels n'y produit plus de précipité, un autre sel peut encore en déterminer : c'est ainsi que le sous-acétate de plomb, par exemple, fait encore naître du trouble dans une solution de matière biliaire, après que l'acétate neutre de la même base, a cessé d'y produire de l'effet.

La matière résinoïde de la bile se dissout dans l'alcool faible, mais moins bien que dans l'eau ; et, chose remarquable, moins ce menstrue renferme d'eau, moins il en dissout, de manière que l'alcool absolu en dissout à peine, et la précipite de sa dissolution aqueuse, suffisamment concentrée.

Elle est complétement insoluble dans l'éther, dans l'essence de térébenthine, et dans les huiles grasses. Elle conduit le fluide électrique.

Si, récapitulant les différentes propriétés physiques et chimiques du principe singulier que nous venons d'examiner, nous cherchons à en déterminer la nature, nous trouvons que, d'un côté, il se rapproche des résines par son aspect extérieur, sa mollesse, sa viscosité, sa fragilité lorsqu'il est sec, par sa manière de se comporter avec le calorique, par sa solubilité dans l'alcool faible et dans les alcalis, par son insolubilité dans les acides ; mais que, d'un autre côté, il en diffère essentiellement par l'azote qui entre dans sa composition, par sa grande solubilité dans l'eau, par son insolubilité dans l'alcool absolu, dans l'éther et dans les essences, et enfin par sa propriété conductrice du fluide électrique.

Serait-ce une matière résineuse rendue soluble par l'intermédiaire d'un alcali, avec lequel elle formerait une espèce de savon, ainsi que l'ont pensé quelques anciens, et comme M. Demarçay l'a avancé de nouveau, dans ces derniers temps ? Ce chimiste pense en effet que la matière dont il s'agit est un véritable sel formé de soude et d'un acide résineux, qu'il désigne sous le nom d'acide choléique. Mais, pour faire admettre une semblable opinion, il eût d'abord fallu démontrer directement dans ce produit l'existence de la soude, et c'est ce qu'on n'a pas fait ; d'ailleurs, nous avons vu qu'il ne fournit par l'incinération qu'une quantité insignifiante d'alcali fixe. Au surplus, ce serait se faire une bien fausse idée des produits qui résultent de l'action des alcalis sur les corps résineux que de les comparer à la matière spéciale de la bile. En effet, lorsqu'on traite les résines par les alcalis, il en résulte une matière presque toujours foncée en couleur, qui se dissout dans l'eau et l'alcool, et que l'on a comparée à un savon. Quoiqu'il en soit, la dissolution évaporée donne un produit qui ne conserve plus aucun des caractères physiques des résines : c'est une matière opaque, granuleuse, sans viscosité, se ramollissant à peine au feu ; chauffée fortement au contact de l'air, elle brûle en laissant un charbon facile à incinérer, et une cendre abondante, dans laquelle on retrouve l'alcali employé ; distillée, elle ne donne point d'ammoniaque. La dissolution aqueuse de cette espèce de savon résineux est abondamment précipitée par les acides les plus faibles, qui s'emparent de la base alcaline, et mettent en liberté la résine qui jouait le rôle d'acide. Les sels métalliques y déterminent aussi un précipité, mais par suite d'une double décomposition, dans laquelle l'acide du sel s'étant emparé de l'alcali qui tenait la résine en dissolution, celle-ci se précipite avec l'oxyde métallique. Le bichlorure de mercure produit cet effet comme les autres sels, etc. Or, si nous comparons ces résultats aux caractères que nous avons assignés à la matière résinoïde de la bile, nous trouvons qu'ils en diffèrent essentiellement sous une multitude de rapports, et qu'en conséquence ces produits ne sauraient être assimilés en aucune façon.

Au surplus, en examinant les propriétés que M. Demarçay assigne à l'acide choléique et surtout le procédé qu'il a mis en usage pour l'obtenir à l'état d'isolement, il est facile de reconnaître dans ce prétendu acide notre matière résinoïde souillée par un peu de matière colorante.

Qu'est-ce-donc, en définitive, que le principe résinoïde de la bile? C'est, selon moi, un produit à part, un véritable principe immédiat, qui tient des résines par quelques caractères, mais qui s'en éloigne sous la plupart des autres rapports. Quelle est son origine? Telle est la question que nous devons maintenant nous poser, question difficile sans doute, mais à laquelle il n'est peut-être pas impossible de donner une solution plausible, si non entièrement péremptoire.

Nous avons démontré précédemment que la protéine seule, ou combinée à de l'oxigène, à de l'eau, ou à de l'ammoniaque, constitue les différents principes azotés qui, par leur réunion, forment le corps des animaux. D'autre part, on sait à n'en pas douter que, pour concourir à l'entretien de la vie, ces principes éprouvent des mutations continuelles par suite de métamorphoses chimiques qui finissent, en les dénaturant, par les rendre impropres à aucun usage dans l'économie; et que dès lors ces principes détériorés ou leur détritus ne tendent plus qu'à en être expulsés par les différents organes sécréteurs.

Déjà nous avons vu que la matière muqueuse peut être considérée comme de la protéine ayant fixé deux atomes d'eau. Ici la métamorphose est fort simple, et la protéine n'a eu à subir, selon toute apparence, que des altérations peu profondes; il n'en est plus de même pour la résinoïde biliaire, dont la formation suppose une décomposition beaucoup plus radicale de ce principe, et sa conversion en plusieurs produits secondaires, que différents systèmes organiques sont chargés d'éliminer, à savoir le foie, à l'état de résinoïde, le poumon, à l'état d'acide carbonique, et le rein, à l'état d'urée.

Pour comprendre comment la protéine peut se métamorphoser en ces produits divers, il faut se rappeler qu'elle est constamment en contact avec deux agents de destruction, l'eau et l'oxygène, qui lui arrive soit de l'atmosphère par les poumons, soit aussi d'une autre source que nous examinerons par la suite. Or, en supposant qu'un atome d'eau et 14 atomes d'oxygène viennent à se fixer sur la protéine, il en résulte de la résinoïde biliaire et de l'urée, plus 8 atomes d'acide carbonique et 6 d'azote, qui peuvent s'échapper par les voies respiratoires, ou entrer immédiatement dans d'autres combinaisons. — Formule :

$$\text{Protéine} \quad\quad \text{eau} \quad \text{oxigène.} \left\{\begin{array}{l} \text{résinoïde biliaire.} \\ C^{38} H^{66} Az^2 O^{11} \\ \text{urée, ou cyanate d'ammoniaque hydraté} \\ C^1 Az^2 O, Az^2 H^6 + H^2O \\ \text{acide carbonique, azote} \\ 8C\ O^2 + 6Az. \end{array}\right.$$

$$C^{48} H^{72} Az^{12} O^{14} + H^2O + O^{13} =$$

Il est facile de voir que c'est là le résultat d'une combustion incomplète, dans laquelle la protéine ou l'élément combustible, au lieu de se réduire complétement en eau, en acide carbonique et en azote, ce qui eût exigé l'intervention de 126 atomes d'oxygène, au lieu de 13, s'est en quelque sorte scindée en deux autres produits secondaires, renfermant encore des éléments combustibles. L'un de ces produits, l'urée, en contient très-peu, l'autre, au contraire, en est presque uniquement constitué, c'est la résinoïde biliaire. On peut donc comparer cette dernière aux principes pyrogénés, qui, toutes choses égales d'ailleurs, se forment d'autant plus abondamment, lors de la combustion des matières organiques, que l'oxygène de l'air arrive moins facilement au foyer.

Si, partant de ces données, nous considérons du point de vue le plus large et le plus général, le résultat des transmutations organiques nécessaires à l'entretien de la vie, nous trouvons qu'on peut les assimiler aux produits d'une combustion plus ou moins lente, plus ou moins graduée, plus ou moins complète. Or, lorsqu'une matière azotée quelconque est décomposée par le feu, en présence de l'oxygène en excès, elle ne fournit que de l'eau, de l'acide carbonique et de l'azote, qui tous se volatilisent, plus quelques sels qui constituent les cendres; mais si l'on diminue l'accès de l'oxygène, on voit aussitôt apparaître des produits nouveaux, en grande partie formés d'éléments combustibles : ce sont des matières empyreumatiques, dont la proportion augmente à mesure que celle de l'oxygène diminue. Hé bien! pareille chose a lieu dans l'organisme animal, et l'on peut dire sans métaphore que la vie, comme la flamme, reconnaît pour cause une véritable combustion. Ici, la matière combustible, c'est la protéine ou ses dérivés, et le comburant, c'est l'oxygène introduit par la respiration. Quant aux produits, ils sont aussi de trois sortes, savoir: des matières gazeuses, qui sortent par les poumons; des principes salins, qui s'évacuent par les urines, et enfin des produits, en quelque sorte pyrogénés, dont le foie est, sinon le seul, du moins le principal organe éliminateur. En effet, considéré relativement à son principe essentiel et caractéristique, à sa matière résinoïde, la bile est bien réellement un produit empyreumatique, dont la proportion est toujours inverse de celle de l'oxygène introduit par les voies respiratoires ; ce qui explique l'espèce d'antagonisme que nous avons signalé entre le foie et le poumon, et l'étroite sympathie qui unit ces deux organes à l'appareil urinaire.

Matière colorante. Dans l'état physiologique, la bile présente, avons-nous dit, une couleur jaune verdâtre, qui prend une teinte d'autant plus foncée qu'elle a fait un plus long séjour dans son réservoir où elle se concentre peu à peu par la résorption de sa partie aqueuse. Toutefois, chez certaines espèces zoologiques, notamment chez l'homme, dans certaines conditions normales ou maladives, ce fluide prend aussi d'autres nuances, et alors sa couleur varie du blanc jaunâtre au noir foncé, en passant par tous les tons intermédiaires. Or, cette coloration n'appartenant en propre à aucun des principes constituants de ce produit, doit tenir à une matière particulière, que, à la vérité, on n'est pas encore parvenu à isoler avec certitude, par la voie de l'analyse, mais qui, dans certaines circonstances pathologiques, se dépose en si grande quantité dans la vésicule biliaire qu'elle y produit des concrétions, au moyen desquelles on peut étudier ces caractères à l'état d'isolement. C'est à M. Thénard qu'on doit les premières notions chimiques sur cette matière, qui entre presque toujours pour une proportion plus ou moins grande dans les calculs biliaires de l'homme, et constitue à peu près exclusivement ceux des herbivores.

C'est une substance solide, pulvérulente, lorsqu'elle est sèche, de couleur variable, comme la bile, inodore, insipide et plus pesante que l'eau. Elle est insoluble dans ce menstrue, ainsi que dans l'alcool, l'éther et les huiles ; elle se dissout au contraire très-bien dans les alcalis. Décomposée par le feu, en vase clos, elle donne de l'eau, de l'acide carbonique, de l'oxyde de carbone , de l'hydrogène carboné, du carbonate d'ammoniaque, et beaucoup de carbone ; ce qui prouve qu'elle est formée d'oxygène, d'hydrogène, d'azote, et d'une forte proportion de carbone ; or ce sont, sans aucun doute, les rapports quantitatifs de chacun de ces éléments entre eux qui établissent les différences de coloration que cette matière présente. Il est à regretter que l'analyse élémentaire ne nous apprenne rien sur sa composition, suivant ses nuances diverses ; toutefois , s'il n'est guère possible d'atteindre directement ce résultat, nous pourrons peut-être y arriver par la voie du raisonnement aidé de quelques faits.

MM. Tiedmann et Gmélin et la plupart des chimistes modernes admettent que la matière colorante de la bile, comme en général toutes les matières colorantes d'origine organique , présente des teintes d'autant plus foncées, qu'elle contient plus d'oxygène, et que la transition du jaune au rouge, au vert, au bleu et au violet qu'elle manifeste sous l'influence de certains réactifs tient essentiellement à son oxydation. Je ne saurais partager cette manière de voir, et je pense que c'est au contraire le carbone que l'on doit considérer comme le principal agent de coloration. Cette théorie étant contradictoire à celle qui est généralement adoptée, demande à être établie sur des faits.

Chacun sait que lorsque l'acide sulfurique concentré est en contact avec la plupart des matières organiques, il les détruit en acquérant une couleur noire plus ou moins prononcée. Ce fait vulgaire provient, sans aucun doute, de la grande affinité de l'acide sulfurique pour l'eau, dont il détermine la formation aux dépens de l'oxygène et de l'hydrogène de la matière organique, de manière que le carbone prédominant de plus en plus finit par apparaître avec sa couleur noire caractéristique. Or, si l'on examine avec attention les phénomènes qui se manifestent dans cette expérience extrêmement simple, on s'apperçoit facilement que la couleur n'arrive au noir que peu à peu, et après avoir passé par différentes nuances de jaune, de rouge, de brun et de violet. Il est vrai que ces teintes n'ont rien de prononcé, et semblent se confondre les unes dans les autres; toutefois, il est quelques substances qui, traitées ainsi par l'acide sulfurique, produisent des couleurs beaucoup plus tranchées ; telles sont notamment les substances résineuses, et surtout la résinoïde biliaire elle-même.

Si l'on met une petite quantité de cette matière dans de l'acide sulfurique concentré, on observe, pendant sa décomposition, une série de couleurs distinctes et bien prononcées. La liqueur devient d'abord jaune, puis orangée, rouge, lilas, verte, bleue ou violette, et enfin noire. Or il est évident que, dans ce cas, la matière colorante a acquis une teinte d'autant plus foncée que le carbone y est devenu de plus en plus prédominant. L'analogie conduit à admettre qu'il doit en être de même des autres matières colorantes d'origine organique.

Ainsi, plus la matière colorante de la bile est foncée, plus elle est riche en carbone. Cela est tellement vrai, qu'elle finit quelquefois par n'être plus que du charbon presque pur, comme on en peut juger par le passage suivant, que j'emprunte au Traité de chimie de M. Berzélius (t. VII, p. 258).

« Il existe, dit ce savant, une espèce de calculs biliaires, qui paraissent consister principalement en charbon ; car, après qu'on a enlevé par les dissolvants ordinaires, tels que l'eau, l'alcool, l'éther, les acides et les alcalis, une petite quantité de matières solubles dans ces réactifs, il reste une masse insoluble, foncée en couleur, et insipide, qui ne subit pas d'altération quand on la fait rougir dans un appareil distillatoire, et qui, lorsqu'on la chauffe dans du gaz oxygène, donne d'abord une légère trace de fumée, après quoi, elle prend feu, et brûle sans flamme ni résidu, avec formation de gaz acide carbonique. »

Veut-on maintenant la preuve que l'oxydation, loin de foncer les couleurs, les détruit au contraire ? Que l'on prenne de l'acide sulfurique charbonné dans les expériences précédentes, et que l'on y ajoute une petite quantité d'un corps qui abandonne facilement de l'oxygène, d'acide nitrique, par exemple, de chlorite de potasse, ou de sesquisulfate de manganèse, et la liqueur deviendra de nouveau incolore, dans l'espace de quelques minutes. Le même effet se manifeste sur toutes les matières colorantes de nature organique ; il suffit pour cela de les acidifier avec un peu d'acide sulfurique, et d'y ajouter ensuite l'un des corps oxygénants que je viens de mentionner. C'est aussi à une oxydation du carbone qu'il faut attribuer la décoloration effectuée par l'air atmosphérique, sous l'influence de la chaleur et de la lumière, et celle produite par le chlore qui, à raison de sa grande affinité pour l'hydrogène, décompose l'eau et met l'oxygène en liberté. Quant à l'acide sulfureux et à l'acide sulfhydrique, on sait qu'ils ne font que masquer en quelque sorte les matières colorantes, sans les détruire irrévocablement.

Cependant il peut arriver aussi quelquefois qu'une matière colorante soumise à un agent oxydant prenne des teintes de plus en plus foncées avant de se décolorer ; c'est qu'alors l'oxygène se porte d'abord sur l'hydrogène en faisant prédominer le carbone, qu'il ne brûle qu'en dernier lieu ; c'est ainsi, par exemple, que paraît agir l'acide nitrique sur la matière colorante de la bile.

Il résulte évidemment de ces considérations que le carbone est pour ainsi dire l'élément chromogène de toutes les matières colorantes en général, et en particulier de la matière colorante de la bile, dont la teinte est d'autant plus foncée que cet élément y domine davantage, à tel point que dans quelques cas de coloration noire, ce n'est presque plus que du carbone pur. D'après ces principes, on comprendra sans peine les changements suivants que la matière colorante de la bile éprouve sous l'influence de certains réactifs.

Si l'on dissout de la matière colorante jaune, provenant d'un calcul biliaire, dans de l'eau légèrement alcaline, et que l'on verse peu à peu de cette solution suffisamment concentrée sur de l'acide sulfurique, elle forme à la surface une couche distincte, qui passe successivement à différentes teintes plus ou moins vives : d'abord elle devient jaune, puis rouge ; ensuite elle passe au vert-pré, au bleu d'azur, au violet, et enfin au noir. Du reste, quelle que soit la période de cette métamorphose, et la teinte qui prédomine, on peut la faire disparaître à l'instant par l'addition d'un peu de chlorite de potasse, ou de sesquisulfate de manganèse. La bile elle-même présente des variations de couleur semblables, quand on y ajoute de l'acide sulfurique ; et, quelle que soit sa couleur naturelle ou artificielle, elle est décolorée immédiatement quand on l'agite avec ce dernier sel.

L'acide azotique produit aussi sur la matière colorante de la bile une réaction fort remarquable, qui a été observée pour la première fois par MM. Tiedmann et Gmélin. Si l'on verse une suffisante quantité de cet acide dans de la bile jaune, elle passe successivement au vert, au bleu, au violet, puis au rouge, et enfin au jaune.

Le chlore y détermine un changement de couleur analogue à celui que produit l'acide azotique, à cela près que les teintes sont moins vives. La couleur verte passe au rouge pâle sans devenir sensiblement bleue. Une plus forte dose de chlore occasionne une décoloration complète.

Les principes que nous venons d'établir conduisent à quelques inductions physiologiques qui ne sont pas sans importance, c'est que les différentes matières colorantes de l'organisme, savoir : celle du sang, de la bile, de l'urine et des productions cutanées sont probablement de nature identique, et ne diffèrent entre elles que par le plus ou le moins de carbone. On sait en effet que le sang artériel perd sa couleur rutilante en traversant le système capillaire, où il se charge de carbone, de sorte qu'à son retour par les veines, il présente une couleur noirâtre, dans laquelle on peut souvent démêler différentes teintes de brun, de lilas, etc. Soumis à l'influence de l'air dans les poumons, il redevient rutilant, en même temps qu'il perd de l'acide carbonique, dont une portion très-faible, il est vrai, paraît provenir de la combustion immédiate de l'excès de carbone auquel il doit sa couleur foncée ; et de là sa conversion du noir au rouge. D'une autre part, la matière colorante de la bile a évidemment la même origine que la précédente, et provient comme elle du sang veineux, d'où elle est éliminée directement avec son excès de carbone. Nous ne pousserons pas plus loin l'examen de ces analogies, qu'on pourrait étendre facilement à la matière qui colore l'urine et les différentes productions épidermiques.

Quoi qu'il en soit de ces considérations problématiques, que je livre, au surplus, pour ce qu'elles sont, toujours est-il que la matière colorante de la bile est une substance très-riche en carbone, c'est-à-dire, en élément combustible, et que par conséquent elle mérite d'être rangée, comme la résinoïde, à laquelle elle est associée, au nombre des produits empyreumatiques auxquels le foie sert d'émonctoire.

De la cholestérine. Dans mon Traité de la digestion, je n'ai pas mentionné ce principe immédiat au nombre des éléments de la bile à l'état normal, parce que je le considérais comme un produit morbide. Ce qui m'avait conduit à cette opinion, c'est que je n'avais jamais trouvé que très-peu de cholestérine dans la bile des animaux à l'état sain, et chez les personnes mortes de maladies aiguës ou accidentelles, tandis que j'en avais généralement rencontré des proportions beaucoup plus considérables chez celles qui avaient succombé à différentes cachexies ou affections chroniques. Toutefois, les recherches auxquelles je me suis livré depuis m'ont démontré que la cholestérine fait réellement partie de la bile saine, bien qu'elle ne s'y trouve qu'en proportion très-minime.

Le procédé pour l'en extraire est fort simple : on con-

13

centre la bile, à une douce chaleur, jusqu'à siccité parfaite, et, après l'avoir divisée autant que possible, on l'introduit dans un flacon avec une suffisante quantité d'éther ; on abandonne le tout pendant quarante-huit heures, en ayant soin d'agiter le vase de temps à autre ; après quoi, on filtre le liquide et on le fait évaporer : la cholestérine reste au fond de la capsule sous l'aspect d'une matière résineuse. On y verse alors un peu d'alcool concentré bouillant, et, par le refroidissement, la cholestérine cristallise sous forme de petites paillettes blanches, qu'on peut rendre plus apparentes par l'addition de l'eau.

C'est une substance blanche, cristallisant en petits feuillets nacrés, inodore, insipide, et plus légère que l'eau. Elle fond à 157 degrés, et se sublime si on la chauffe plus fortement ; chauffée au contact de l'air, elle prend feu et brûle comme de la graisse. Elle est extrêmement peu soluble dans l'eau ; l'alcool bouillant n'en dissout que $\frac{1}{9}$ de son poids, et la laisse déposer en grande partie par le refroidissement ; l'éther la dissout en abondance, surtout à chaud. Les alcalis ne la dissolvent point et ne lui font éprouver aucune altération. L'acide sulfurique concentré la noircit sans la dissoudre, tandis que l'acide azotique la transforme en acide cholestérique et en tanin artificiel. Sa formule est $C^{36} H^{64} O$. C'est par conséquent une matière presque uniquement formée d'éléments combustibles, à laquelle peuvent s'appliquer les inductions physiologiques que nous avons développées à propos des autres principes constitutifs de la bile.

Avant de quitter ce sujet, nous devons relever une erreur commise par M. le professeur Bouisson. Cet auteur prétend que la cholestérine, ainsi que la matière colorante, au lieu d'être en dissolution dans la bile normale, comme on le croit généralement, n'y sont qu'en suspension, à l'état de molécules concrètes, visibles seulement au microscope, et que c'est à l'augmentation, par suite de dispositions morbides, de cette espèce de précipité, qu'on doit attribuer la formation des calculs biliaires, qui sont en effet constitués tantôt par de la cholestérine, et tantôt par de la matière colorante.

Je ne saurais partager cette manière de voir, principalement en ce qui concerne la cholestérine, attendu que les concrétions qui lui doivent naissance sont ordinairement fort bien cristallisées, sous forme de lames rayonnées très-régulières; or, toute cristallisation suppose que les molécules qui en font partie se sont groupées les unes à côté des autres à l'instant même où elles ont pris l'état concret; car, dès qu'une substance a pris la forme d'un précipité, quelque ténu on puisse supposer celui-ci, les molécules qui le constituent ne peuvent que s'accroître isolément par l'adjonction de nouvelle matière déposée, mais non s'adapter chimiquement les unes aux autres, de manière à donner naissance à un solide régulier; elles ne peuvent dès lors que s'agglutiner mécaniquement par l'interposition d'un peu de mucus ou de toute autre substance étrangère. D'où je conclus que la cholestérine est sécrétée à l'état de dissolution parfaite, comme les autres éléments de la bile, mais que, attendu son peu de solubilité, elle se dépose, sous une forme ou sous une autre, dès que la bile vient à se concentrer dans la vésicule par l'absorption de sa partie aqueuse; et ce d'autant plus facilement que, par suite de dispositions morbides, elle s'y trouve en proportion plus considérable. On peut en dire autant de la matière colorante, à cela près que les concrétions biliaires dont elle est le principal élément n'affectent jamais la forme cristalline.

Les sels neutres et alcalins que l'on rencontre dans la bile sont les mêmes que ceux qui font partie de tous les fluides muqueux. On y trouve un sel ammoniacal, probablement un phosphate basique, dont il est facile de constater la présence en chauffant, au bain-marie, une certaine quantité de bile cystique dans un petit matras, au-dessus duquel on place un papier rougi de tournesol. Les autres sels s'obtiennent des cendres, après calcination dans un creuset de platine, et consistent particulièrement en chlorure de sodium, ainsi qu'en phosphate de potasse et de chaux.

Telles sont les substances diverses que le foie élimine sous forme de bile, et qui vont provisoirement s'accumuler dans l'intestin, en se mélangeant aux matières nutritives, jusqu'à ce qu'elles soient expulsées, avec le résidu de ces dernières, à l'état d'excrément. Ainsi que je l'ai exprimé ailleurs, le tube gastro-intestinal n'est donc pas seulement le laboratoire où s'accomplit la dissolution ou la division des substances alimentaires ; c'est aussi le réceptacle des matériaux usés et devenus inutiles, véritable égout qui reçoit de distance en distance les immondices de l'économie pour les transmettre au dehors.

DEUXIÈME SECTION.

FONCTIONS ASSIMILATRICES EXÉCUTÉES PAR LE FOIE.

La plupart des physiologistes modernes considèrent généralement le foie comme n'ayant d'autre fonction à remplir dans l'économie que de sécréter la bile, quelle que soit du reste la théorie qu'ils adoptent sur la prétendue intervention de ce fluide dans les phénomènes digestifs. Telle n'était point l'opinion des anciens qui, ne voyant dans la bile qu'une matière entièrement excrémentitielle, ne pouvaient croire qu'un organe aussi volumineux et aussi compliqué ait été placé là sans autre but que d'éliminer un produit inutile, et si peu abondant. Ils étaient donc persuadés qu'indépendamment de son rôle d'agent dépurateur, le foie est destiné à remplir des fonctions bien plus nobles, en prenant une part des plus actives dans la conversion des aliments en sang. *Caro namque hepatis primum sanguificationis est organon*, disait Galien (*De usu partium, liber* IV, *cap.* 12). Plus tard, Vésale, Riolan, Bauhin, Spigel, etc., professaient une opinion semblable : *actio hepatis est sanguificatio* était alors une sorte d'axiome qui ne trouvait aucun contradicteur ; aussi Malpighi n'hésita-t-il pas à placer le foie en tête de tout le système glandulaire, et parmi les organes les plus essentiels à la vie : *omnium vicerum nobilius est jecur, et ad vitam maximè necessarium. De Hepate*, t. II, p. 256.

A une époque plus rapprochée de nous, un des hommes auxquels la science est redevable de ses vues les plus larges, Bichat, sans rien préciser sur cette grave question, déclare cependant, dans son Traité d'anatomie générale, que la sécrétion de la bile n'est point l'unique fonction départie à l'appareil hépatique. « Le foie, dit-il, outre sa sécrétion, joue dans l'économie un rôle inconnu, mais important. »

Or, c'est à pénétrer ce rôle mystérieux que vont tendre nos efforts. Serai-je assez heureux pour y réussir? Je ne sais; mais, quel que soit le résultat de ma tentative, je m'estimerai heureux si cet essai peut faire entrevoir aux physiologistes la voie nouvelle dans laquelle ils doivent entrer, pour parvenir à la solution complète et définitive de ce grand problème.

Je commencerai par rappeler, en peu de mots, quelques-uns des principes généraux que j'ai établis dans mon Traité de la digestion, relativement à la route que suivent les différentes matières nutritives pour pénétrer, du tube gastro-intestinal, dans l'intimité de l'organisme.

Je les divise, sous ce rapport, en deux grandes classes, savoir : celles qui, étant insolubles, pénètrent dans l'économie, dans un grand état de division, par la voie des chylifères, et celles qui, après avoir subi une véritable dissolution, s'y rendent par le système veineux abdominal. Les unes et les autres se subdivisent en deux sections, selon qu'elles renferment ou non de l'azote. Du reste, pour faciliter au lecteur l'intelligence de cette classification, qui nous servira de point de départ, je vais la résumer ci-contre dans un tableau synoptique :

CLASSIFICATION DES ALIMENTS.

Matières nutritives.

1re *classe*. Absorbées par les chylifères, à l'état de division.

- 1re *section*. Non azotées = substances grasses.
- 2e *section*. Azotées.
  - Albumine coagulée.
  - Fibrine.
  - Caséine concrète, et tous les principes dérivés de la protéine.

2e *classe*. Absorbées par les veines, à l'état de dissolution.

- 1re *section*. Non azotées.
  - Sucre.
  - Ampois.
  - Gomme.
  - Pectine.
  - Alcool.
- 2e *section*. Azotées.
  - Albumine liquide.
  - Gélatine.

Toutes les matières inscrites dans la première classe de notre tableau, qu'elles soient azotées ou non, appartiennent à la fois au règne végétal et au règne animal, de manière qu'elles peuvent passer de l'un dans l'autre avec toute leur intégrité de composition. A plus forte raison, doit-il en être ainsi quand elles passent, du corps d'un animal dont elles faisaient partie constituante, dans celui d'un autre animal, à l'individualité duquel elles doivent désormais participer. Non-seulement le travail digestif ne porte aucune atteinte à leur composition chimique, et se borne à modifier leur cohésion, mais elles pénètrent d'amblée dans l'économie, sans rencontrer sur leur passage aucun organe qui les dénature. — Voyez, pour plus de détails, mon Traité de la digestion, p. 538 et suivantes.

Passons maintenant aux matières qui font partie de la seconde classe, et voyons d'abord celles qui ne renferment point d'azote. Elles offrent toutes pour caractère commun d'être facilement solubles dans l'eau ; aussi le travail digestif se borne-t-il pour elles à une simple dissolution, en prenant ce mot dans toute la rigueur de son acception technologique.

Une particularité qui les sépare encore plus nettement peut-être des précédentes, c'est qu'elles proviennent toutes du règne végétal, sans qu'il soit possible d'en rencontrer la moindre trace dans l'organisme d'aucun animal, même de ceux qui en font leur nourriture à peu près exclusive. Il faut donc qu'aussitôt leur entrée dans l'économie animale, elles subissent l'action puissante de quelque organe qui les métamorphose en d'autres produits ; or, cet organe, c'est le foie.

Placé en quelque sorte à l'entrée principale de l'économie, là où doivent passer toutes les substances alibiles qui
arrivent du dehors par la veine-porte, le foie les arrête
pour leur faire éprouver une décomposition radicale, par
laquelle elles se convertissent en produits identiques à ceux
qui pénètrent immédiatement dans l'organisme par la voie
des chyilifères, c'est-à-dire, en graisse ou en différentes matières azotées dérivées de la protéine. Comment, et en vertu
de quelles lois s'accomplissent ces merveilleuses transub-
stantiations? N'en doutons pas, quelque incompréhensibles
qu'elles nous paraissent, ces métamorphoses de la matière vivante n'en sont pas moins subordonnées aux principes généraux qui régissent la matière inerte ; c'est toujours de la
physique et de la chimie, mais de la physique et de la chimie
s'effectuant à l'aide d'appareils et de réactifs que la nature
a eu seule jusqu'ici le pouvoir de créer. Toutefois, s'il
ne nous est pas permis de pénétrer les agents secrets
de cette élaboration mystérieuse, essayons du moins d'en
constater les effets.

Commençons par les matières non azotées, qui forment
la première section de cette classe, et examinons-les d'a-
bord sous le rapport de leur constitution chimique. Pour
faire ressortir davantage l'analogie de composition qui
existe entre ces différentes matières, et pour nous permettre en même temps de les comparer aux substances
protéiques, nous réduirons leur formule à une même expression algébrique, en multipliant tous leurs éléments par
le nombre 4, de façon à les amener à un radical hypothétique analogue à ce qu'est la protéine pour les matières azotées, et renfermant, comme cette dernière, 48 atomes

14

de carbone, déduction faite de l'eau et de l'oxigène en surplus. Nous ne ferons exception que pour un seul de ces
corps, pour l'alcool qui, ayant une composition élémentaire
toute différente des autres principes solubles non azotés,
exigera que nous lui consacrions un article à part.

COMPOSITION DES MATIÈRES NUTRITIVES SOLUBLES ET NON AZOTÉES.

	Formule empirique				radical hypothétique	oxigène	eau.
Ampois	$C^{12} H^{20} O^{10}$	$\times$	4	$=$	$C^{48} H^{80} O^{40}$ $+$		
Gomme	$C^{12} H^{22} O^{11}$	$\times$	4	$=$	$C^{48} H^{80} O^{40}$ $+$		$4H^2O.$
Sucre	$C^{12} H^{24} O^{12}$	$\times$	4	$=$	$C^{48} H^{80} O^{40}$ $+$		$8H^2O.$
Pectine	$C^{12} H^{20} O^{12}$	$\times$	4	$=$	$C^{48} H^{80} O^{40}$ $+$	80	
Alcool	$C^{8} H^{24} O^{4}.$						

Ces nombres étant établis, tout le problème consiste à
rechercher comment le radical hypothétique $C^{48} H^{80} O^{40}$ peut
se convertir soit en graisse, soit en protéine, sauf à apprécier ensuite les légères modifications que doit apporter au
calcul général la petite quantité d'oxigène ou d'eau excé-
dante. Voyons d'abord ce qui concerne la graisse.

La formule empirique de la graisse qui se rapproche le
plus des nombres exprimés dans les différentes analyses est
$C^{12} H^{20} O$, qui multipliés par 4, $= C^{48} H^{80} O^4$. Or, en supposant qu'aucun élément étranger n'intervienne dans la conversion de notre radical en matière grasse, nous pouvons
établir l'équation suivante :

$$\text{Radical hypothétique} \qquad \text{graisse} \qquad \text{oxigène.}$$
$$C^{48} H^{80} O^{40} = C^{48}H^{80}O^4 + O^{36}.$$

D'où il résulte que, pour se convertir en graisse, l'ampois n'a qu'à perdre 36 atomes d'oxigène, la gomme la même quantité d'oxigène, plus 4 atomes d'eau, le sucre toujours la même quantité d'oxigène, plus 8 atomes d'eau, et enfin la pectine $36 + 8$, c'est-à-dire, 44 atomes d'oxigène. Or, cet oxigène devenu libre peut remplir, à l'égard des matières combustibles le même rôle que celui qui arrive directement de l'atmosphère ; ce qui explique encore une des causes de la solidarité fonctionnelle qui existe entre le foie et le poumon.

Quant à la conversion de l'alcool en graisse, elle s'explique aussi facilement. En effet, $C^8 H^{24} O^4$, formule de l'alcool, étant multipliés par 10, donnent $C^{80} H^{240} O^{40}$.

$$\underset{\text{Alcool}}{C^{80} H^{240} O^{40}} = \underset{\text{graisse}}{C^{48} H^{80} O^5} + \underset{\text{carbone} \quad \text{hydrogène}}{C^{32} \qquad H^{160}}.$$

C'est-à-dire que, pour se convertir en graisse, l'alcool a besoin de perdre une très-grande quantité de carbone et d'hydrogène, dont la combustion ultérieure doit s'opérer en majeure partie par l'intervention de l'oxigène atmosphérique. D'où il suit que cette métamorphose, au lieu de venir en aide à l'organe pulmonaire, exige au contraire, de sa part, un surcroît de travail, qui entraîne à son tour un dégagement de calorique plus considérable, ainsi que nous le démontrerons par la suite.

On conçoit d'après cela comment les matières de cette catégorie peuvent concourir à la formation de la graisse, chez les herbivores, et suppléer ainsi à la petite quantité de cet élément qui se trouve dans leur nourriture. Toutefois, ce serait, à mon avis, se tromper étrangement que d'admettre, avec M. Liebig, que les matières nutritives privées d'azote ne sauraient jouer d'autre rôle dans l'économie animale. Des considérations nombreuses, dont nous allons rapporter les principales, empêchent d'accepter une telle proposition, et démontrent que ces matières sont aussi susceptibles de s'animaliser, dans certains cas, en absorbant l'azote nécessaire à leur conversion en protéine.

Le célèbre chimiste que nous venons de citer divise les substances alimentaires en deux classes, en *aliments azotés ou plastiques*, et en *aliments non azotés ou respiratoires*. Les premiers sont seuls propres, selon lui, à fournir au sang et aux différents organes leurs principes constitutifs, tandis que les seconds doivent fournir à l'oxigène venu de l'atmosphère des éléments combustibles, pour l'entretien de la chaleur animale. Mais, s'il en était ainsi, ces derniers ne pourraient pénétrer dans le système circulatoire qu'après s'être convertis en graisse en passant à travers le foie, car jamais le sang ne contient la moindre trace de sucre, de gomme, d'amidon, de pectine ou d'alcool. Or, cette graisse formée après coup devrait, comme celle qui s'introduit directement dans l'économie, développer, en se brûlant, beaucoup plus de chaleur, toutes choses égales d'ailleurs, que le régime exclusivement azoté ; d'où il suit que, dans les climats froids, les aliments dont la fécule, le sucre ou la gomme forment la base, devraient être préférés à la viande, ce qui est précisément le contraire de ce que l'expérience démontre.

D'un autre côté, lorsque l'on réfléchit à la faible quantité de principes azotés contenus dans les matières dont se nourrissent les herbivores, comparativement à celles dont se repaissent les espèces carnassières, on est frappé de l'extrême différence qui existe entre elles sous ce rapport, et l'on reste convaincu que cette grande disproportion est loin de correspondre à la quantité de force que les uns et les autres sont obligés de produire, ou, ce qui revient au même, à l'usure des parties solides et fluides de leur organisme, proportionnellement à sa dimension.

Ainsi, par exemple, d'après les expériences de M. Boussingault, un cheval copieusement nourri de foin et d'avoine ne trouve dans les aliments qu'il consomme en 24 heures que 140 grammes d'azote, ce qui, d'après les calculs, correspond approximativement à 800 grammes de protéine ou de matière plastique. Mais que sont ces 800 grammes de matières azotées, comparativement à l'énorme quantité de viande engloutie, chaque jour, par des animaux d'une taille bien inférieure, tels que le tigre ou le lion, à l'état sauvage? Et pourtant, ces derniers dépensent-ils réellement beaucoup plus de force qu'un cheval en course, ou attelé à de lourds fardeaux? Je ne le pense pas. Les premiers, en effet, peuvent déployer instantanément une énergie prodigieuse, qui les rend redoutables à des animaux bien plus volumineux qu'eux-mêmes; mais voyez: le lion guette sa proie, s'élance à sa poursuite, l'atteint en quelques bonds, lutte corps à corps avec elle, la dévore, puis, retiré dans son antre, il se repose et digère en dormant le reste du jour. Or, si l'on pouvait calculer la quantité de force nécessaire pour exécuter cet acte de vigueur, je ne pense pas qu'elle l'emporterait beaucoup sur la somme de force déployée par un cheval de trait, pendant une journée de travail. S'il en est ainsi, pourquoi donc dépense-t-il dix fois plus d'aliments plastiques que le cheval, puisque, en définitive, ne produisant pas plus de force dans un temps donné, il ne doit pas éprouver proportionnellement plus de pertes ou d'usure dans son organisme? Dira-t-on, avec M. Liebig, qu'à défaut d'aliments respiratoires, le surcroît d'aliments plastiques sert chez lui d'éléments combustibles, pour produire de la chaleur? Mais on oublie donc que, dans les contrées où vivent les animaux que nous avons choisis pour exemples, la température est communément supérieure ou au moins égale à celle de leur corps, et que par conséquent ils reçoivent du dehors assez de calorique pour n'être pas obligés d'en produire en pure perte.

Ces exemples, que nous pourrions multiplier, démontrent, ce me semble, que, chez les herbivores, comme en général chez tous les animaux qui font usage d'une nourriture peu riche en principes azotés, il faut admettre que, pour suppléer à l'insuffisance de ces derniers, une partie des autres principes se métamorphose en protéine. D'autre part, l'expérience a prouvé que les aliments exempts d'azote donnent généralement lieu, en s'incorporant dans l'organisme, à une abondante sécrétion biliaire. Or, il est évident que la bile étant un produit excrémentitiel, c'est-à-dire inutile, ce n'est pas à sa production immédiate que la nature emploierait la majeure partie de l'alimentation.

Pour faire concorder tous ces faits, je ne vois qu'un moyen, c'est d'admettre que de la protéine en quelque sorte usée et en voie de dissolution cède au principe non azoté, qui arrive du dehors, l'azote dont il a besoin pour former de la protéine nouvelle, tandis que le résidu, conjointement avec 2 atomes d'azote empruntés à l'air, constituerait de la résinoïde biliaire, plus 5 atomes d'eau, 10 d'acide carbonique et 2 d'oxigène, qui s'échapperaient par les voies respiratoires, ou prendraient part à de nouvelles combinaisons.

Formule.

$$\underset{\text{Matière non azotée.}}{C^{48}\ H^{80}\ O^{40}} + \underset{\text{protéine (ancienne).}}{C^{48}\ H^{72}\ Az^{12}\ O^{14}} + \underset{\text{azote.}}{Az^2} =$$

$$\underset{\text{Résinoïde biliaire}}{C^{38}\ H^{66}\ O^{11}\ Az^2} + \underset{\text{protéine (nouvelle)}}{C^{48}\ H^{72}\ Az^{12}\ O^{14}} + \underset{\text{ac. carbonique}}{10\ CO^2} + \underset{\text{oxigène}}{2O} + \underset{\text{eau.}}{7\ H^2O.}$$

Quant à la graisse, est-elle bien, comme on l'a prétendu, un simple aliment respiratoire? Je ne le pense pas; et je serais bien plutôt disposé à admettre que c'est un produit transitoire, une matière mise en réserve par l'économie pour en faire, au besoin, de la protéine, ainsi qu'on peut le présumer en voyant la graisse disparaître peu à peu du corps des animaux chez lesquels l'usure des organes n'est point suffisamment réparée par l'alimentation. C'est ce qui a lieu, par exemple, chez le chameau en course à travers des déserts brûlants, où il est réduit à quelques poignées de fèves pour toute nourriture. Quand le magasin d'aliments qu'il porte dans sa panse est épuisé, c'est sa propre graisse qui y supplée; on voit, dit-on, alors l'animal maigrir d'une manière sensible, et la protubérance adipeuse qu'il porte sur le dos disparaître plus ou moins complétement. Certes, on ne saurait admettre que, dans cette circonstance extrême, l'organisme emploie en pure perte le carbone et l'hydrogène, qu'il a mis en réserve sous forme de graisse, uniquement à produire de la chaleur, alors qu'il est excédé par l'ardeur du soleil.

Au surplus, cette conversion de la graisse en protéine ne peut elle-même s'effectuer sans un certain dégagement de calorique, car elle exige l'intervention de 12 atomes d'azote et de 14 d'oxigène libre : or ces derniers ne peuvent se combiner avec une partie des éléments combustibles de la graisse sans dégager de la chaleur. Voici du reste l'équation qui rend compte de cette métamorphose.

$$\underset{\text{Graisse}}{C^{48}\,H^{80}\,O^{4}} + \underset{\text{oxigène}}{O^{14}} + \underset{\text{azote}}{Az^{12}} = \underset{\text{protéine}}{C^{48}\,H^{72}\,Az^{12}\,O^{14}} + \underset{\text{eau}}{4\,H^{2}O}$$

C'est sans doute à la petite quantité de calorique dégagée par cette transmutation de la graisse, non moins qu'à la décomposition ultérieure de la protéine, qu'est dû le maintien d'une certaine température chez les animaux soumis au sommeil hybernal.

En résumé, il me semble que, d'après ce qui précède, on ne peut s'empêcher de reconnaître que les aliments non azotés introduits dans l'organisme sont susceptibles de s'y animaliser, de s'y assimiler, pour me servir de l'expression classique. Seulement, au lieu de s'accomplir dans le tube gastro-intestinal, sous l'influence du suc gastrique et de la bile, comme les physiologistes l'ont cru pendant longtemps, ces métamorphoses n'ont lieu que dans le foie, par l'intervention de l'oxigène et de l'azote fournis par le sang, et provenant tantôt de l'air atmosphérique, et tantôt du détritus des substances en voie de décomposition. Là donc, selon les besoins de l'économie, les principes non azotés se convertissent soit en protéine immédiatement, soit en graisse qui, à son tour, ramenée, plus tard, par la voie de la circulation dans ce même organe, finit aussi par se convertir en matière azotée.

Je crois donc qu'il n'existe aucune espèce d'aliment qui mérite d'une manière particulière la qualification de respiratoire, que leur impose M. Liebig. L'économie animale, que l'on a comparée avec raison, sous certains égards, à l'un

des chefs-d'œuvre de la mécanique moderne, à une loco-
motive, l'économie animale est beaucoup plus parfaite encore, car elle n'a pas besoin de traîner à sa suite un magasin de combustible ; et, lorsque les circonstances l'exigent,
c'est en quelque sorte en brûlant ses propres débris qu'elle
produit le calorique nécessaire au jeu de ses organes. Au
surplus, pour soumettre les principes généraux que nous
avons posés à une sorte de contre-épreuve, nous allons
essayer d'en faire l'application succincte aux phénomènes
que présente l'économie animale dans les climats les plus
opposés.

Dans les pays très-froids, le corps étant soumis à une
soustraction continuelle de calorique, il faut que l'organisme pourvoie aux moyens d'en dégager à proportion de
celui qu'il perd; or, il y parvient par la fixation de l'oxygène
enlevé à l'atmosphère sur les éléments combustibles de la
protéine en voie de dissolution, et devenue impropre à la
constitution normale des organes dont elle faisait partie.
Évidemment, plus il y a d'oxygène absorbé, plus il se forme
d'eau et d'acide carbonique, et partant, plus il y a de calorique dégagé; mais aussi moins il se forme de produits
pyrogénés, c'est-à-dire, de principes encore riches en matériaux combustibles. Telle est la raison pour laquelle la
bile, véritable produit empyreumatique, se sécrète moins
abondamment chez l'habitant du nord, tandis que, par
contre, les fonctions respiratoires acquièrent chez lui leur
maximum de développement.

Mais, par cela même que la combustion, d'où émane la
chaleur animale, ne s'entretient que par la fixation de l'oxy-

gène sur les débris des tissus organiques, il faut que ces tissus s'usent proportionnellement; et de là le besoin de mouvement, l'énergie et l'activité incessante qui caractérisent l'habitant du nord. D'autre part, si les organes s'usent, il faut que de la protéine nouvelle vienne sans cesse réparer leurs pertes, et de là le besoin d'une alimentation copieuse, dont la viande forme la base. On comprend aussi très-bien pourquoi la graisse et l'alcool sont très-recherchés par les peuples du nord, car, comme nous l'avons démontré, pour se convertir en protéine, ces substances, très-riches en éléments combustibles, ont besoin de perdre des proportions considérables de carbone et d'hydrogène, qu'elles livrent impunément à l'oxygène pour produire du calorique, au lieu et place des matériaux constitutifs de l'économie.

Voyons maintenant ce qui se passe dans les climats chauds, là où l'organisme animal reçoit au contraire des milieux dont il est entouré plus de calorique qu'il n'en a besoin pour se maintenir à une température constante.

Dans cette nouvelle situation, il faut que la nature trouve le moyen d'évacuer, en produisant le moins de calorique possible, les matières protéiques devenues impropres à l'entretien de la vie. Et d'abord, remarquons que l'usure des organes s'est ici singulièrement ralentie par l'état d'apathie et de fainéantise particulier aux habitants des pays chauds, état qu'on ne saurait attribuer à des habitudes vicieuses, mais qui tient à des raisons physiologiques faciles à apprécier. En effet, autant l'habitant des régions polaires doit se livrer à l'exercice pour user ses organes, et approvisionner avec leur détritus la combustion pulmonaire, autant l'habitant des régions équatoriales doit ménager les siens, pour ne point surcharger son économie de débris organiques, dont elle ne pourrait se débarrasser par les voies respiratoires, sans entraîner un dégagement de calorique qui lui serait pernicieux. Alors donc, l'oxygène de l'air pénètre moins abondamment par les poumons, la combustion des éléments de la protéine se ralentit, et, comme conséquence inévitable, la proportion des produits empyreumatiques augmente en raison inverse de l'oxygène introduit. De là la sécrétion d'une plus grande quantité de bile, et le surcroît d'activité que prend le foie, qui assume en grande partie les fonctions éliminatrices départies au poumon, dans les circonstances opposées.

Ainsi s'explique la fréquence des maladies biliaires dans les climats chauds, maladies terribles, qui sévissent, comme l'on sait, d'une manière particulière sur les nouveaux arrivants, surtout lorsqu'ils n'ont pas la précaution de s'astreindre sévèrement au régime des indigènes, lequel consiste essentiellement en fruits, en légumes, en céréales, etc. c'est-à-dire, en aliments peu riches en substances azotées. En effet, l'expérience, d'accord avec la théorie, démontre que ces substances s'incorporent à l'organisme sans dégager beaucoup de chaleur, car nous avons vu qu'elles s'animalisent en mettant à profit le détritus des organes en voie de dissolution, sans que l'oxygène de l'atmosphère ait besoin d'intervenir (Voyez p. 103).

Une autre particularité du régime alimentaire dans les régions tropicales, c'est l'usage d'une grande quantité d'assaisonnements, destinés à produire sur les organes digestifs une stimulation qui, en se propageant sympathiquement au foie, le met à même d'exécuter le surcroît de travail qui

lui est imposé. Malheur à l'étranger, qui pour ne point dé-
roger à ses anciennes habitudes, ou dans la crainte de
gastro-entérites imaginaires, s'obstinerait à rejeter l'emploi
du poivre, de la canelle, du gingembre, du girofle, et de tant
d'autres épices, dont la nature a gratifié ces climats par
une sorte de prévoyance qu'on ne saurait trop admirer.

Il nous serait également facile de vérifier l'exactitude
des principes généraux que nous avons posés, par leur application aux cas nombreux où l'organe pulmonaire cesse
de fonctionner régulièrement par suite de quelque affection
idiopathique, tels que l'asphyxie lente, la pneumonie chro-
nique, la phthisie, etc.; nous verrions alors comment, l'oxygène de l'air faisant défaut, le foie se trouve dans l'obliga-
tion d'éliminer les produits empyreumatiques qui deviennent
prédominants, ce qui finit, à la longue, par entraîner sa
dégénérescence graisseuse; mais à quoi bon multiplier ces
exemples; nous préférons en laisser le soin à la sagacité du
lecteur, qui ne manquera pas de trouver dans sa propre expérience de nouvelles preuves en faveur de notre doctrine.

Pour en terminer sur les fonctions assimilatrices exécutées par le foie, il ne nous reste plus qu'à parler de l'action
exercée par cet organe sur les deux substances azotées solubles qui le traversent pour se rendre dans le torrent de
la circulation générale (Voyez le tableau synoptique, p. 95).

Ici nous aurons peu de choses à dire, attendu que la
première de ces substances, l'albumine liquide qui provient
des aliments étant identique à celle du sang, et n'ayant en
conséquence aucune élaboration préalable à subir pour
se mêler à ce fluide, passe, pour ainsi dire, en franchise

à travers le foie, sans avoir à prendre ou à céder aucun élément.

Quant à l'autre substance, à la gélatine, on sait à combien de débats elle a donné lieu, relativement à sa propriété nutritive ; nous ne les reproduirons pas ici. Il nous suffira de rappeler que, d'après le rapport fait, en 1842, par la commission de l'Institut, elle partage, bien qu'à un degré plus faible, le pouvoir nutritif des autres matières azotées. En effet, l'équation suivante, que j'emprunte au travail de M. Liebig (Loc. cit., p. 151), démontre que, pour se convertir en protéine, la gélatine doit perdre les éléments d'un atome d'acide urique, d'un atome d'urée et de quatre atomes d'eau, qui, étant éliminés immédiatement par les urines, ne sauraient profiter à l'économie.

$$\overset{\text{Gélatine.}}{C^{108} \, H^{168} \, Az^{36} \, O^{40}} = \overset{\text{Protéine.}}{2\,C^{48} \, H^{72} Az^2 \, O^{14}}$$

$$+ \overset{\text{Acide urique.}}{C^{10} H^8 Az^8 O^6} + \overset{\text{Urée}}{C^2 H^8 Az^4 O^2} + \overset{\text{Eau}}{4\,H^2 O}.$$

Nous ferons aussi à cet égard une remarque générale, également applicable à tous les cas qui précèdent : c'est que, quand la gélatine ou toute autre matière soluble, azotée ou non, s'est convertie en protéine, dans le système hépatique, cette protéine doit se trouver dans le sang à l'état de dissolution, tandis que celle qui pénètre dans l'économie directement, par la voie des chylifères, s'y rencontre, selon toute apparence à l'état de division ou de globules plus ou moins parfaits. Sans aucun doute, cette différence d'état doit en apporter dans l'emploi ultérieur de ces matériaux ; et c'est peut-être la raison pour laquelle aucun animal ne peut se nourrir exclusivement de matières solubles, azotées ou non, ainsi que l'expérience l'a démontré.

Quoi qu'il en soit, nous devons conclure de tout ce qui précède que, d'une part, le foie est bien réellement un organe d'hématose, comme les poumons, et que, d'autre part, il partage avec ces derniers, ainsi qu'avec les reins, la fonction d'éliminer de l'organisme les matériaux devenus impropres à l'entretien de la vie; ce qui est parfaitement d'accord avec les considérations anatomiques que nous avons établies au commencement de ce mémoire.

CHAPITRE IV.

USAGES DE LA RATE ET DU PANCRÉAS.

USAGES DE LA RATE.

Que dirons-nous de la rate, de cet organe mystérieux, dont les fonctions se sont dérobées jusqu'ici aux investigations de la science, et qui semble se prêter également bien aux théories les plus contradictoires? Au milieu des nombreuses contestations auxquelles elle a donné lieu, le fait qui surgit au-dessus de toutes les hypothèses, c'est l'importance médiocre de ce viscère; attendu qu'il peut disparaître sans que l'organisme éprouve de perturbation capable de compromettre l'existence. On connaît, en effet, un grand nombre de cas pathologiques dans lesquels il avait été détruit par des altérations de différente nature, bien que, pendant la vie des malades, aucun symptôme appréciable n'en ait accusé l'absence.

Ce fait, du peu d'importance de la rate, a été démontré avec plus d'évidence encore par les vivisections; puisqu'on est parvenu à l'enlever complétement sur des animaux de diverses espèces, et sur l'homme lui-même, à la suite d'accidents, sans qu'il en soit résulté aucun phénomène assez constant pour mettre sur la voie des fonctions qui lui sont départies.

Cette expérience curieuse était connue des anciens, car il en est déjà fait mention dans Pline; elle a été pratiquée, dans les temps modernes, par plusieurs opérateurs distingués, au nombre desquels nous citerons Mayer, Dupuytren, MM. Tiedmann et Gmélin, Schwager-Bardeleben, etc. Rien de plus contradictoire que les résultats obtenus par ces différents observateurs : ainsi Mayer dit avoir remarqué une diminution plus ou moins grande dans la faculté digestive chez les sujets privés de rate; Dupuytren, au contraire, a constaté une augmentation d'appétit chez les chiens qui avaient subi l'opération. MM. Tiedmann et Gmélin ont signalé, dans ce cas, la tuméfaction de la thiroïde, phénomène qui ne s'est point offert à Schwager-Bardeleben. L'augmentation dans la sécrétion de la bile ou de l'urine que certains auteurs ont observée, après l'extirpation de la rate, ne paraît pas être non plus un phénomène constant.

Je ne discuterai point ici les différentes hypothèses auxquelles ce sujet a donné naissance, et je me contenterai d'exposer sommairement l'opinion que je me suis formée sur les usages de cet organe, d'après différents ordres de faits.

Il existe, avons-nous dit au commencement de ce mémoire, entre la rate et le foie, des connexions anatomiques tellement intimes qu'on pourrait presque considérer le premier de ces organes comme un complément du second.

Ces relations se trouvent encore confirmées par une autre particularité ; c'est que la rate étant dépourvue de canal sécréteur, ce sont les veines qui doivent nécessairement lui en tenir lieu, et éliminer les matières quelconques qui se sont formées ou déposées dans son tissu ; or, les veines spléniques aboutissent toutes à la veine-porte ; c'est-à-dire, au foie, organe dépurateur par excellence, à travers lequel le sang se dépouille des matériaux en quelque sorte usés, qui servent à la confection de la bile. D'un autre côté, nous avons vu que la sécrétion de ce produit est essentiellement intermittente, irrégulière, et ne s'effectue avec activité que pendant le travail digestif, soit afin de faire concourir le détritus de l'économie à l'assimilation des matières nouvelles qui arrivent, dans ce moment, par la veine-porte , soit pour toute autre cause ; toujours est-il que, par suite de ce ralentissement dans la sécrétion biliaire dans l'intervalle des repas, le sang resterait plus ou moins chargé de principes hors de service, si je puis m'exprimer ainsi, si la rate ne les enlevait de la circulation à mesure qu'ils se forment, et ne les confinait dans les nombreuses aréoles de son tissu, pour les livrer au foie, en temps opportun.

On le voit, cette manière d'envisager les fonctions de la rate rentrerait, jusqu'à un certain point, dans la doctrine des anciens, qui donnaient, comme l'on sait, pour attribution à ce viscère de préparer, ou au moins de mettre en réserve les matériaux de la bile. Le fait est que, de toutes les théories proposées jusqu'à ce jour, c'est encore celle qui s'accorde le mieux avec les faits connus. Et d'abord, elle rend suffi-samment raison, ce semble, de l'importance secondaire de la rate, et du peu de trouble apporté dans l'organisme par son absence. Elle explique aussi fort bien pourquoi ce viscère est constamment abreuvé d'un sang particulier, évidemment altéré, couleur lie de vin, et sans tendance à la coagulation. Ce qui vient encore à l'appui de cette manière de voir, c'est que, dans les cas d'ictères intenses et prolongés, le sang finit souvent par acquérir, à un degré plus ou moins prononcé, les caractères extérieurs du sang contenu dans la rate. J'ai surtout été frappé de cette ressemblance en examinant le sang du chien qui survécut trente-deux jours après la ligature du canal cholédoque. Ce sang, surchargé des matériaux destinés à la formation de la bile, se trouvait en effet dans des conditions analogues à celui qui s'accumule dans la rate, à l'état normal; aussi en offrait-il la couleur lie de vin et le défaut absolu de plasticité.

Un autre ordre de phénomènes qui s'accorde aussi fort bien avec notre doctrine, c'est que, quand des matières étrangères solubles sont introduites dans l'organisme par d'autres voies que celle de la veine-porte, de manière à échapper à l'action assimilatrice du foie, on les retrouve en grande partie dans la rate. Ce fait fort remarquable a été surtout constaté, dans ces derniers temps, par M. Donné, après des injections de lait et de différentes autres substances, dans le système veineux des chiens. On conçoit en effet que ces matières ne pouvant séjourner impunément dans l'organisme, ni subir instantanément dans le foie la transformation qui les assimile aux principes constitutifs de l'économie, la rate doit les recueillir provisoirement, pour les livrer peu à peu à cet organe.

Ainsi, en définitive, la rate serait pour le foie une espèce d'entrepôt dans lequel s'accumulent les matières destinées à la sécrétion biliaire. Or, comme le foie est un des principaux organes de l'hématose, en ce sens qu'il contribue à maintenir le sang dans sa composition normale, de même aussi la rate, qui le seconde dans cette opération, peut être considérée comme un des agents indirects de la sanguification. Toutefois, son rôle n'est ici que fort secondaire, et l'on doit rejeter, à mon avis, toutes les hypothèses dans lesquelles ou attribue à ce viscère une part active dans la formation des globules sanguins; puisque l'expérience a démontré qu'après son ablation, ces globules n'éprouvent aucun changement ni dans leur nombre ni dans leur forme.

USAGES DU PANCRÉAS.

L'arrivée simultanée de la bile et du suc pancréatique dans l'intestin, où ils se rendent par des ouvertures tellement rapprochées qu'elles semblent se confondre, ne saurait être fortuite ; le mélange de ces humeurs donne nécessairement un caractère d'unité à leur destination ; or, comme nous avons démontré que la bile est un produit tout à fait excrémentitiel, et sans utilité aucune dans l'acte digestif, le fait de leur association matérielle implique déjà l'idée de leur association physiologique. Ainsi, l'induction la plus légitime conduit à considérer le suc pancréatique, aussi bien que la bile, comme un détritus dont l'organisme utilise la propriété lubréfiante pour s'en faire un simple agent de protection, avant de l'expulser définitivement.

Les analogies anatomiques qui existent entre le pancréas et les autres organes mucipares sont entièrement d'accord

avec cette manière de voir. Quant à la composition chimique du produit sécrété, elle est aussi tout à fait en faveur
de notre doctrine. En effet, j'ai fait voir, dans mon Traité
de la digestion, que ce liquide ne renferme réellement que
du mucus, et les différents sels à réaction plus ou moins alcaline que l'on rencontre indistinctement dans tous les produits muqueux. J'y ai démontré qu'il ne contient point
d'albumine, au moins dans l'état normal, et que, dans tous
les cas, les différentes conjectures que l'on avait émises
sur sa prétendue intervention, comme agent chimique, dans
le travail digestif, ne reposent sur aucun fondement.

Toutefois, depuis cette époque, de nouvelles recherches
entreprises par MM. Sandras et Bouchardat ont soulevé à
cet égard un nouveau problème. Ces savants prétendent
que le suc pancréatique recèle une substance particulière,
qui dissoudrait la fécule et la convertirait en sucre et en
dextrine, à peu près comme la diastase; de sorte que cette
substance serait aux matières amylacées ce que la pepsine,
ou ferment gastrique, est aux matières protéiques.

Au premier aperçu, cette doctrine offre quelque chose
de séduisant; mais lorsqu'on vient à l'examiner de près, on
ne tarde pas à se convaincre qu'elle pèche essentiellement
par la base.

En effet, il résulte d'abord des expériences de M. Lassaigne, dont j'ai vérifié moi-même toute l'exactitude, que la
fécule mise en contact, pendant plusieurs heures, avec du
tissu pancréatique coupé en petits morceaux, à 58 ou 40
degrés, c'est-à-dire, à la température du corps, n'y éprouve
absolument aucun changement soit physique, soit chimique; le liquide, examiné à plusieurs époques de l'opération,

n'a jamais indiqué ni la présence de l'amidon en solution, ni celle de la dextrine, et l'on reconnaît au microscope tous les grains de fécule parfaitement intacts. Ainsi, les assertions de **MM.** Sandras et Bouchardat tombent d'elles-mêmes, et il reste démontré que le suc pancréatique est aussi inactif, à l'égard de la fécule en grains, que les autres fluides animaux.

Il est vrai que, si, au lieu de fécule telle que la nature l'offre aux différentes espèces zoologiques, on fait l'expérience en employant de l'ampois, c'est-à-dire de la fécule rendue soluble par son exposition préalable à une température d'au moins 70 à 75 degrés, la transformation en dextrine et en sucre se fait, pour ainsi dire, instantanément, même à 38 degrés et au-dessous; aussi la liqueur ne bleuit-elle plus par la teinture d'iode; filtrée et évaporée à une douce chaleur, elle laisse un produit sirupeux, d'une saveur douce et un peu sucrée, qui offre tous les caractères de la dextrine liquide, mélangée à un peu de glucose.

Ces faits sont assurément fort remarquables sous le point de vue chimique; mais, ainsi que nous allons le démontrer, ils ne sont susceptibles d'aucune application physiologique.

Et d'abord, s'il en était autrement, il faudrait admettre que la nature a gratifié l'immense majorité des animaux d'un organe inutile, puisque, chez les carnassiers, il serait réduit à une inaction complète, et que, de tous les herbivores ou omnivores, l'homme partagerait seul avec les oiseaux granivores, qui rendent la fécule soluble en la porphyrisant entre les molettes cornées de leur gésier, le privilège de digérer cette substance; puisqu'il est seul à même de la rendre soluble par la cuisson.

D'un autre côté, on peut se demander dans quel but s'opérerait la métamorphose en question, puisque l'organisme ne renferme pas plus de dextrine ou de glucose que d'amidon, et que d'ailleurs, d'après les principes que nous avons développés précédemment, la conversion de l'ampois, soit en graisse, soit en protéine, n'exige d'autres conditions que celles que le sucre et la dextrine réclament eux-mêmes pour éprouver ces métamorphoses.

Mais passons à des arguments plus directs. L'ampois étant soluble par lui-même, soit dans l'eau simple, soit dans l'eau acidulée, doit nécessairement se dissoudre dans les boissons et dans les sucs de l'estomac; or, de l'avis unanime des expérimentateurs, les liquides et, en général, toutes les matières véritablement dissoutes sont absorbées à peu près exclusivement dans ce viscère, de sorte qu'il en pénètre à peine dans l'intestin; d'où il suit que la presque totalité de l'ampois devrait échapper à l'action prétendue du suc pancréatique, et pénétrer dans l'organisme avec toute son intégrité de composition.

On objectera peut-être qu'il existe un grand nombre de préparations amylacées dans lesquelles l'ampois a été amené par la cuisson à un certain état d'insolubilité, de manière que, n'étant point absorbées dans l'estomac, elles doivent aller subir, dans l'intestin, l'influence du suc pancréatique; tel est particulièrement le cas du pain, des pâtisseries, etc. A quoi nous répondrons par une expérience aussi simple que péremptoire.

Si l'on prend du pain, et qu'après l'avoir broyé dans un mortier avec de l'eau, on le soumette, pendant plusieurs heures, à une température de 38 à 40 degrés, avec une suffisante quantité de tissu pancréatique coupé en petits morceaux, il ne s'opère pas la moindre conversion d'amidon en dextrine, et le liquide surnageant bleuit par la teinture d'iode à la fin de l'expérience comme au commencement.

En cherchant la raison de cette particularité, je suis parvenu à constater un fait d'une grande importance, et qui, à lui seul, suffirait pour anéantir la doctrine que je combats. C'est que, pour peu que l'on acidule préalablement, avec un acide quelconque, les matières amylacées et l'ampois lui-même, avant de les soumettre à l'action du tissu pancréatique, cette action se trouve complétement annulée ; il ne se forme pas la moindre quantité de sucre ou de dextrine, et le liquide bleuit toujours par l'iode avec la même intensité. Il est évident, d'après cela, que c'est à l'acide naturellement contenu dans le pain qu'il faut attribuer la résistance qu'il oppose à la conversion que le tissu du pancréas tend à lui faire subir.

Or, s'il en est ainsi, jamais la fécule, sous aucun état, ne peut se convertir en dextrine et en sucre dans le tube digestif, à raison du suc gastrique, qui lui imprime une acidité constante, à son passage dans l'estomac. En supposant même que l'acide dont ce fluide l'imprègne soit en partie neutralisé vers la fin de l'intestin grêle, cette substance ne pourrait encore éprouver la métamorphose en question, dans le gros intestin, car tous les produits dont la fécule forme la base sont naturellement sucrés, de sorte que, quand leur résidu séjourne dans ce viscère, notamment dans le cœcum, il se forme toujours un peu d'acide lactique, qui y mettrait obstacle (voir mon Traité de la digestion, p. 105).Au surplus, la position du pancréas, immédiatement au-dessous de l'estomac ; indique déjà que, loin de favoriser la conversion dont il s'agit, la nature semble avoir pris toutes les précautions possibles pour s'y opposer.

Ainsi, en définitive, le suc pancréatique n'exerce pas plus d'action chimique sur les matières alimentaires que les autres fluides muqueux, n'ayant, comme eux, d'autre usage que d'opérer une sorte de lubréfaction qui favorise le glissement de ces matières d'un bout à l'autre de l'intestin (1).

Toutefois, avant de terminer ce qui est relatif à cette humeur, je dois rectifier une erreur que j'ai moi-même commise dans mon Traité de la digestion, en lui attribuant la propriété d'émousser l'âcreté de la bile, au moment où elle s'échappe de son canal, et avant qu'elle ait pu se mélanger à la masse du chyme. J'avais été conduit à cette opinion, parce que je partageais la croyance générale sur l'acrimonie de la bile, même dans l'état normal ; mais aujourd'hui qu'il reste parfaitement démontré que, au contraire, ce fluide n'a rien que de doux et d'onctueux pour la surface intestinale, il faut reconnaître que, loin d'agir l'un sur l'autre, le suc pancréatique et la bile concourent simultanément au même but, quelque secondaire qu'il soit ; ce qui est, du reste, parfaitement d'accord avec l'espèce de communauté que l'on remarque dans leurs conduits sécréteurs.

---

(1) Tout ce que nous venons de dire du suc pancréatique s'applique aussi à la salive, avec d'autant plus de raison que, même pour agir sur l'ampois, elle exige l'intervention d'une température de 70 degrés au moins, ce qui excède beaucoup la chaleur animale ; je considère donc les faits avancés récemment, sur ce point, par M. Mialhe, comme curieux en eux-mêmes, et sous le point de vue chimique, mais sans aucune portée physiologique.

En résumé, nous devons conclure que le produit muqueux sécrété par le pancréas n'est pas plus susceptible que celui qui est éliminé par le foie d'exercer sur les aliments la moindre action décomposante, et que les uns et les autres doivent être considérés comme des matières qui, après avoir acccompli leur rôle chimique dans l'intimité de l'économie animale, ne sont plus propres qu'à agir mécaniquenment à sa périphérie, en favorisant la progression des matières nouvelles qui viennent prendre leur place.

FIN.

TABLE DES MATIÈRES.

AVANT-PROPOS.   v

CHAPITRE I. — Anatomie générale et comparée de l'appareil biliaire.   1

Ses analogies avec les systèmes respiratoire et urinaire.   11

CHAP. II. — Opinions des auteurs sur les usages de la bile.   17

Inutilité de ce fluide dans le travail digestif prouvée :

Par les faits pathologiques.   23

Par la ligature du canal cholédoque.   28

Et surtout par l'établissement des fistules biliaires.   39

Inductions physiologiques qui découlent de cette dernière expérience.   69

CHAP. III. — Fonctions du foie.   74

PREMIÈRE SECTION. — Fonctions éliminatrices. — Composition chimique de la bile, et origine probable de ses différents éléments.   74

DEUXIÈME SECTION. — Fonctions assimilatrices.   101

CHAP. IV. — Fonctions des organes annexés au foie.   111

Usages de la rate.   111

Usages du pancréas.   115